W0095697

O L I V E R   B R E D A   V E R L A G

DIE AUTORIN

Dr. Susanne Lipps ist erfolgreiche Autorin zahlreicher Reise-und Wander-führer über Madeira, die Kanarischen Inseln, Spanien und Portugal. Sie studierte Geographie, Geologie und Botanik in Marburg und promovierte 1985. Seit 1988 bereist sie als Studienreiseleiterin und freie Autorin meh-rere Monate im Jahr die Insel Madeira.

Alle Angaben in dem Buch sind sorgfältig erkundet und nach bestem Wissen und Gewissen überprüft worden. Für Schäden und Beeinträchti-gungen jeder Art, die durch den Gebrauch des Buches entstehen, können Autorin und Verlag keine Haftung übernehmen.

Layout: Günther Roeder, Oliver Breda
Abbildungen: Susanne Lipps, Oliver Breda
Herstellung: Druckhaus Cramer, Greven

© Oliver Breda Verlag, Duisburg
E-mail: webmaster@bredaverlag.de
5. aktualisierte Auflage 2012

ISBN-10: 3-938282-05-3, ISBN-13: 978-3-938282-05-2

Inhalt

EINLEITUNG

Madeira macht dem Beinamen „Blumeninsel" alle Ehre. Auf kleinstem Raum wachsen hier Pflanzen aus allen Regionen dieser Erde. Wohin der Reisende auch kommt, er ist von zahlreichen bekannten und unbekannten Gewächsen umgeben. Der botanische Reiseführer „Madeira - Was hier aller wächst" wendet sich an alle Besucher der Insel, die sich für Pflanzen interessieren. Das Format des Buches wurde bewusst so gewählt, dass es unterwegs nicht stört, sondern mitgenommen werden kann.

Am Ankunftstag findet die erste Begegnung mit der üppigen Pflanzenwelt meist im hoteleigenen Garten statt. In den darauf folgenden Tagen bietet sich der Besuch eines oder mehrerer der zahlreichen sehenswerten Parks an. Überall dort gedeihen die farbenprächtigsten Gewächse. Die meisten stammen aus den Tropen.

Dazu im Kontrast steht die Küstenvegetation. Zwar ist sie unscheinbarer, doch deswegen nicht weniger interessant. Vielfach blieb außerhalb der Ortschaften die einheimische Flora erhalten. Darunter mischen sich eingebürgerte Arten aus fernen Ländern.

Entlang der berühmten Bewässerungskanäle (Levadas) und am Rand der winzigen Terrassenfelder findet der Wanderer oder Spaziergänger ein Sammelsurium unterschiedlichster Pflanzen. Vertrautes aus mitteleuropäischen Gärten wächst hier neben tropischen und subtropischen Exoten.

Im Gegensatz dazu ist der Lorbeerwald in der Wolkenzone ein fast unberührt gebliebener Dschungel. Außer den verschiedenen, namengebenden Lorbeerbäumen wachsen hier zahlreiche weitere Bäume, Sträucher und Kräuter, die sich an das feuchte Milieu angepasst haben. Farne, Moose und Flechten verleihen diesem Biotop ein urtümliches Aussehen. Auch der Lorbeerwald ist für Wanderer erschlossen.

Rau wird die Landschaft im Inselinneren. Dort begegnet der Besucher Heidewäldern und Mooren. Schroffe Felsen an den höchsten Gipfeln werden ebenso wie felsige Standorte in tieferen Lagen von einer kargen alpinen Flora besiedelt. Schließlich sollen auch die Nutzpflanzen nicht vergessen werden. Die verschiedensten tropischen Obstsorten werden auf Madeira angebaut und auf Märkten verkauft. Bananen und Zuckerrohr spielen eine große Rolle. Und scheinbar Vertrautes zeigt sich hier in anderen Formen.

Aufgrund der enormen Pflanzenvielfalt musste in diesem Buch eine Auswahl getroffen werden. Es besteht kein Anspruch auf Vollständigkeit. Allerdings sind die meisten Pflanzen aufgeführt, die der Besucher während seines Aufenthalts zu Gesicht bekommt. Einen angenehmen Urlaub wünschen:

Susanne Lipps und Oliver Breda

Tipps zum Gebrauch des buches

Der botanische Reiseführer „MADEIRA - WAS HIER ALLES WÄCHST" enthält sechs Kapitel mit Pflanzenbeschreibungen, geordnet nach typischen Gruppen. Dabei wurde die Reihenfolge gewählt, in der ein Inselbesucher meist mit der jeweiligen Flora in Berührung kommt: Pflanzen in Gärten und Parks, wild lebende Vegetation der Küstengebiete, spontane Flora im Kulturland und an Bewässerungskanälen (Levadas), Vegetationsgemeinschaft Lorbeerwald, Flora des Gebirges und der Felswände, typische Nutzpflanzen.

Pflanzen, die sich nicht eindeutig den einzelnen Kapiteln zuordnen lassen werden dort beschrieben, wo sie besonders charakteristisch sind. Aus Mitteleuropa nach Madeira eingeführte Arten wie Ahorn, Eiche oder Tanne sowie allgemein bekannte Zierpflanzen (Geranie, Narzisse usw.) wurden angesichts des Buchformats nicht aufgeführt.

In den einzelnen Kapiteln sind die Pflanzen von groß zu klein geordnet, um das Auffinden zu erleichtern. Die Angaben zur BLÜTEZEIT sind Richtwerte. Da das Klima auf Madeira sehr gleichförmig ist, können einzelne Exemplare vieler Arten zu jeder beliebigen Jahreszeit blühen, vor allem in Jahren mit außergewöhnlichem Witterungsverlauf. Anhand der Bilder und MERKMALE sollte jede beschriebene Pflanze klar identifizierbar sein. Bei den Angaben zu den STANDORTEN wurden Stellen aufgeführt, wo Inselbesucher die Pflanzen ohne großen Aufwand finden können. Ergänzt wird der Text zu jeder Pflanze durch allerhand WISSENSWERTES, das direkt oder indirekt mit ihr zu tun hat.

Ein weiteres Kapitel ist den wichtigsten, schönsten Parkanlagen Madeiras gewidmet. Angaben zur Geschichte des jeweiligen Gartens und eine ausführliche Beschreibung wird durch Informationen zu Öffnungszeiten, Eintrittspreis sowie An- und Abfahrt mit Linienbus oder Leihwagen ergänzt.

Um die Parkanlagen sowie die bei den Pflanzenbeschreibungen aufgeführten Standorte zu finden, ist eine Inselkarte notwendig. Eine Übersichtskarte mit Stadtplan von Funchal verteilen Reiseveranstalter und Hotels an ihre Gäste. Sie ist auch gratis in den Touristen-Informationsbüros erhältlich und für einen ersten Überblick ausreichend. Detaillierter und auch als Straßenkarte gut zu gebrauchen ist z.B. die Goldstadt-Wanderkarte „Madeira" im Maßstab 1:50 000. Sie ist im deutschen Buchhandel aber auch auf Madeira in zahlreichen Läden zu bekommen.

Im Register sind botanische und deutsche Namen aufgeführt. In Gärten und Parks sind die Gewächse häufig mit Schildern versehen, aus denen der botanische Name ebenfalls hervorgeht. Auf diese Weise identifizierte Pflanzen lassen sich also leicht im Buch wiederfinden.

In den Gärten

Den Ruf der Blumeninsel verdankt Madeira der tropischen und subtropischen Flora, die in Gärten und Parks gedeiht oder Alleen und Promenaden ziert. Die wegen ihrer üppigen Blütenpracht oder auffälligen Form kultivierten Gewächse wurden aus aller Welt importiert. Eher selten fand die weniger spektakuläre einheimische Flora Eingang in die Gärten. Im 16. Jh. brachten zunächst die portugiesischen Entdeckungsfahrer bis dahin unbekannte Pflanzen aus Afrika, Asien und Südamerika mit nach Madeira. Hier sollten die empfindlichen tropischen Arten allmählich an ein kühleres Klima gewöhnt werden, um sie später in Portugal im Freien kultivieren zu können - z. B. in den königlichen Gärten von Lissabon und Sintra. Diese Hoffnung erfüllte sich zwar nicht immer, denn schon Temperaturen von einigen Grad über dem Gefrierpunkt vertragen viele tropische Pflanzen nicht mehr. Doch auf diese Weise wurde die Flora Madeiras bereichert. Im 18. und 19. Jh. prägten vor allem britische Weinhändler Madeira wirtschaftlich und kulturell. Sie importierten ebenfalls zahlreiche exotische Gewächse. Die Briten errichteten sich gerne Villen in luftigen Höhen zwischen 500 und 700 m Höhe, wo es nicht so schwül wie an der Küste ist. In den oft parkartigen Gärten überboten sie sich gegenseitig darin, botanische Raritäten aus allen Kontinenten zu sammeln.

Durch sie gelangten vor allem subtropische Pflanzenarten aus Südafrika, Australien, Neuseeland und Japan nach Madeira. Aus den gemäßigten Klimabereichen Nordamerikas stammen viele Bäume und Sträucher, die in den höher gelegenen Gärten der Insel gedeihen.

Heute wird die Tradition der Gartenpflege sowohl von der öffentlichen Hand als auch von privaten Gartenbesitzern weitergeführt. Jeder Straßen- oder Wegrand, jede Verkehrsinsel wird sorgfältig mit Oleander, Baum-Aloe, Agapanthus oder Hortensien bepflanzt. Die Pflanzen blühen alle zu unterschiedlichen Jahreszeiten, so dass der Besucher stets den Eindruck gewinnt, sich in einem „schwimmenden Garten inmitten des Atlantiks" zu befinden. Jeder noch so kleine Garten wird von den Besitzern liebevoll gepflegt. Für die schönste Bepflanzung winken in jedem Ort Preise und Ehrungen. In diesen Hausgärten finden sich viele kleinere, heute auch in Mitteleuropa vertraute Zierpflanzen (z. B. Fuchsien, Freesien, Geranien und Petunien), die hier ganzjährig prächtig gedeihen. In den großen, fürs Publikum geöffneten Parks ist ein Heer von Gärtnern ständig mit der Pflege und Neubepflanzung beschäftigt. Vor allem in diesen Anlagen trifft der Botanikfreund auf Bäume, Sträucher und Blütenpflanzen aus tropischen und subtropischen Ländern mit ihrer exotischen Pracht.

Coopers Baumfarn
Sphaeropteris cooperi

Standort:
Bis in 800 m Höhe wird Coopers Baumfarn auf Madeira in feuchten Zonen kultiviert. Oft findet man ihn in schattigen Schluchten, z. B. im „Inferno" der Palheiro Gardens. Stattliche Exemplare stehen auch bei Ribeiro Frio, an der Levada da Serra oberhalb von Camacha sowie auf dem Hauptplatz von Camacha.

Wissenswertes:
Ursprünglich stammt Coopers Baumfarn aus Australien. Heute ist er wegen seiner dekorativen Wirkung weltweit in tropischen und subtropischen Gebieten verbreitet. Es gibt knapp 900 Arten von Baumfarnen, die sich nur wenig voneinander unterscheiden. Sie besiedeln Bergwälder vor allem der Südhalbkugel. Vorraussetzung für ihr Gedeihen ist ein ausgeglichenes, stets luftfeuchtes Klima ohne Frost. Die Stämme der Baumfarne bestehen nicht aus Holz. Es handelt sich um Röhren, deren festigender Mantel aus Blattstielen und Luftwurzeln gebildet wird.

Blütezeit
keine

Merkmale
Der gewaltige Farn bildet einen bis 9 m hohen, schlanken Stamm aus, wodurch er an eine Palme erinnert. Seine weit über 1 m langen, zweifach gefiederten Wedel sitzen an der Spitze des Stammes. An der Stammrinde sind die Narben der älteren, bereits abgefallenen Wedel deutlich zu erkennen.

JAPANISCHER PALMFARN
CYCAS REVOLUTA

BLÜTEZEIT
Ganzjährig

MERKMALE
Der Japanische Palmfarn wirkt wie ein Kreuzung aus Farn und Palme, wird aber nur rund 3 m hoch. Sein Stamm ist dick und schuppig. Die Wedel werden bis 2 m lang. In der Mitte des Blattkranzes befinden sich die braunen Blüten: bei weiblichen Pflanzen eine wollige Halbkugel, bei männlichen kegelförmige Zapfen.

STANDORT:
Auf Madeira findet man den Japanischen Palmfarn in vielen Gärten, vor allem in Höhenlagen zwischen 300 und 600 m. Eine beeindruckende Palmfarnsammlung mit vielen weiteren Arten besitzt der Jardim Tropical do Monte Palace.

WISSENSWERTES:
Bei den Palmfarnen handelt es sich um sehr alte Vertreter der Blütenpflanzen. Sie existierten schon zur Zeit der Dinosaurier, also vor rund 200 Millionen Jahren. Deshalb werden sie auch gerne als „lebende Fossilien" bezeichnet. Die meisten der 185 bekannten Arten sind heute vom Aussterben bedroht. Der in Südostasien beheimatete Japanische Palmfarn ist besonders widerstandsfähig und wird sogar rund ums Mittelmeer kultiviert. Bei uns sind junge Exemplare als Zimmerpflanzen beliebt. Alle Palmfarngewächse sind giftig. Erst durch Rösten oder Auslaugen werden die Samen des Japanischen Palmfarns essbar.

NORFOLKTANNE (MITTE-LINKS)
ARAUCARIA EXCELSA

BLÜTEZEIT
Im März und April

MERKMALE
Die Norfolktanne ist ein gewaltiger, bis über 50 m hoher Nadelbaum. Von der Form erinnert er an unsere Tannen. Je sechs Äste gehen in einer Ebene fast waage-recht vom Stamm ab. Die Astebenen liegen in recht großen Abständen überei-nander, so dass die Baum-krone eher schütter wirkt.

STANDORT:
Auf Madeira findet man die Norfolktanne in Höhen bis 600 m in vielen Parks, wo sie meist als dekorativer Einzelbaum alle anderen Gewächse überragt. Oft wird sie zusammen mit der Bunyatanne (Araucaria bidwillii) gepflanzt, die ähnlich hoch wird (im Bild rechts). Ihre Krone ist jedoch abgerundet.

WISSENSWERTES:
Die Gattung Araucaria ist ursprünglich auf die Südhalbkugel beschränkt. Zwei ihrer Arten stammen aus Südamerika, die übrigen 16 aus Australien und dem südwestlichen Pazifik. Die Norfolktanne ist auf der Pazifikinsel Norfolk (östlich von Australien) heimisch. Als Zierbaum für Parks wird sie heute in feuchtwarmen Gebieten gern gepflanzt, da sie einer der wenigen dort gut gedeihenden Nadelbäume ist. Der sehr gerade wachsende Baum verdankt seine weltweite Verbreitung dem Bedarf an Holzmasten in der Zeit der Großsegler.

OREGONZEDER, LAWSONS SCHEINZYPRESSE
CHAMAECYPARIS LAWSONIANA

BLÜTEZEIT
Im April und Mai

MERKMALE
Der hellgrüne, ca. 3-10 m hohe Nadelbaum zeichnet sich durch einen regelmäßigen, kegelförmigen Wuchs aus. Bei jüngeren Exemplaren beginnt das Nadelwerk bereits unmittelbar am Boden. Ältere Bäume bilden einen kurzen Stamm aus. Die Blütenstände sind unscheinbar. Die kugeligen Zapfen sind bläulich bereift.

STANDORT:
Die Oregonzeder gedeiht in Höhen zwischen 600 und 1300 m überall dort, wo von Natur aus Lorbeerwald zu Hause ist. Man trifft sie sowohl in Parks (z. B. Quinta do Santo da Serra) als auch an Straßenrändern an. Außerdem wächst sie in exotischen Baumbeständen, die von der Forstverwaltung zu Versuchszwecken gepflanzt wurden (z. B. an der Straße vom Poiso-Pass nach Ribeiro Frio).

WISSENSWERTES:
Ursprünglich stammt der attraktive Nadelbaum aus Nordamerika, wo er vor allem im Nordwesten der USA zu Hause ist. Dort bildet er große Bestände und wird bis zu 50 m hoch. Die kegel- oder säulenförmigen Scheinzypressenarten werden in solchen Klimaregionen gern als Zierbaum gepflanzt, wo die ähnlichen echten Zypressen nicht gedeihen. Sie sind widerstandsfähiger und schnellwüchsiger. Von der Oregonzeder wurden über 100 Gartensorten gezüchtet.

KAURIETANNE, QUEENSLAND-KAURI
AGATHIS BROWNII

STANDORT:

Die Queensland-Kauri benötigt viel Sonne und Wärme, die sie vor allem im unmittelbaren Bereich der Südküste findet. Selten wird sie oberhalb von 100 m Höhe kultiviert. Sie ist vorwiegend in den Parks und Hotelgärten von Funchal zu sehen und säumt im Innenstadtbereich auch Straßen, z. B. Teile der Avenida do Mar und der Avenida do Infante.

WISSENSWERTES:

Ursprünglich ist der Baum im Nordosten Australiens beheimatet. Es handelt sich um einen Nadelbaum, auch wenn die Pflanze wie ein Laubbaum wirkt. Sie gehört zu den Araukariengewächsen, die alle auf der Südhalbkugel heimisch sind. Zwei verwandte Arten, die Dammar-Tanne (Agathis dammara) von den Philippinen und die Kaurifichte (Agathis australis) aus Neuseeland liefern Nutzholz sowie Kopal, ein bernsteinartiges, hartes Harz. Es dient zur Herstellung von Lacken und Firnissen.

BLÜTEZEIT
März

MERKMALE

Der Baum wird zwischen 10 und 20 m hoch. Seine Krone wächst mehr in die Höhe als in die Breite. Die schmalen, spitzen Blätter sind sehr fest und stehen starr von den Zweigen ab. Die weiblichen Blüten sitzen in hellbraunen, länglichen, leicht gebogenen Zapfen, die kürzer sind als die Blätter. Sie zerfallen bei Reife der Früchte.

BIRKENFEIGE, SCHOPF-FEIGENBAUM
FICUS BENJAMINA

BLÜTEZEIT
Ganzjährig

MERKMALE
Bis 20 m hoch wird der imposante Baum, der oft mehrere Stämme und ausladende Äste mit Luftwurzeln entwickelt. Die relativ kleinen, eiförmig-spitzen Blätter ähneln Lorbeerblättern, führen jedoch einen Milchsaft. Aus den unscheinbaren Blüten wachsen feigenähnliche, rötliche Früchte von ca. 1 cm Durchmesser.

STANDORT:
Auf Madeira findet man die Birkenfeige bis in ca. 200 m Höhe über dem Meer als Parkbaum. Sie ziert einzeln oder in Gruppen Plätze und spendet zugleich Schatten (am Largo dos Milagres in Machico, am Aussichtspunkt in der Rua das Cruzes nahe der Quinta das Cruzes in Funchal u.a.). Oder er säumt Alleen wie in der Avenida do Mar in Funchal.

WISSENSWERTES:
Die Birkenfeige stammt ursprünglich aus Malaysia, wird aber heute in vielen tropischen und subtropischen Ländern als Zierbaum gepflanzt. Als Jungpflanze steht sie in vielen mitteleuropäischen Wohnungen. Sie ist mit dem bekannten Gummibaum (Ficus elastica) eng verwandt. Auch der Echte Feigenbaum (Ficus carica) aus dem Mittelmeerraum gehört in die sehr artenreiche Gattung. Letzterer wird auf Madeira vereinzelt als Nutzpflanze angebaut. Vor allem in Nordosten bei Faial und São Roque do Faial.

15

Kampferbaum
Cinnamonum camphora

Standort:

In den Parkanlagen Madeiras ist der Kampferbaum einer der eindrucksvollsten Bäume. Er bevorzugt warme, geschützte Standorte nahe der Südküste. Er wächst vor allem in Funchal, z. B. im Parque Santa Catarina oder in der Quinta Magnólia.

Wissenswertes:

Ursprünglich stammt der Kampferbaum aus China, Taiwan und Japan. Dort wird er wegen seiner mächtigen Gestalt und der Tatsache, dass er mehrere hundert Jahre alt werden kann, verehrt. Heute ist er in allem warmen Ländern als Zierbaum beliebt. Der Kampferbaum ähnelt den Lorbeerbäumen und gehört in die selbe Pflanzenfamilie. Unverkennbar ist der Geruch nach Kampfer beim Zerreiben der Blätter. Man gewann das Kampferöl einst durch Destillation aus dem Holzspänen. Es wird schon seit Jahrhunderten äußerlich gegen Rheuma und innerlich zur Förderung der Herztätigkeit verwendet.

Blütezeit
Von Januar bis April

Merkmale
Der bis 20 m hohe, majestätische Baum verzweigt sich in zahlreiche Äste. Sie bilden mit dichtem Blattwerk eine ausladende Krone. Die einzelnen Blätter sind eiförmig, vorn zugespitzt und hängen auffällig schlaff herunter. Die zahlreichen, unscheinbar grünlichen Blüten hingegen stehen an dünnen Rispen aufrecht.

Brasilianischer Kapokbaum
Ceiba speciosa
(syn. Choriosa speciosa)

Blütezeit
Im September und Oktober

Merkmale
Der Stamm des bis zu 15 m hohen Baumes verjüngt sich nach oben hin deutlich. Er ist mit kegelförmigen Stacheln besetzt. Die handförmigen Blätter fallen im Frühjahr ab. In den birnenförmigen Früchten befindet sich eine baumwollähnliche Substanz. Die fünfzähligen, rosa Blüten erscheinen vor dem Blattaustrieb.

Standort:
In Höhenlagen bis ca. 350 m Höhe sieht man den Brasilianischen Kapokbaum an der Südseite Madeiras häufig. Er säumt Straßen, ziert Parks und Gärten. Schöne Exemplare stehen z. B. in Funchal im Jardim Municipal und im Garten der Quinta Vigia. In Machico steht ein Kapokbaum neben dem Rathaus, in Caniço am Parkplatz der Quinta Spléndida.

Wissenswertes:
Der Brasilianische Kapokbaum ist in den Savannen Brasiliens und Argentiniens beheimatet. Seine Früchte enthalten rund 100 schwarze Samen mit weißen Wollhaaren. Die Haarbüschel werden vom Wind verbreitet. Beim Echten Kapokbaum (Ceiba pentandra), der auf Madeira nicht zu sehen ist, aber in Asien in Plantagen kultiviert wird, werden die Samenhaare kommerziell genutzt. Sie sind von Wachs überzogen und saugen sich daher nicht mit Wasser voll. So werden sie für Schwimmwesten und Rettungsringe, aber auch für Matratzen verwendet.

In den Gärten

Leberwurstbaum
Kigelia africana

Blütezeit
Von Juni bis August

Merkmale
Die weinroten bis purpurfarbenen, glockenförmigen Blüten hängen in lockeren Rispen an langen Stielen. Aus ihnen entwickeln sich die typischen Früchte, die wie dicke Leberwürste aussehen. Manche sind länglich, andere bauchig. Die Blätter des ca. 5 hohen Baumes sind gefiedert und werden im Winter abgeworfen.

Standort:
Auf Madeira wächst der empfindliche Leberwurstbaum nur im Süden und dort nur bis in etwa 100 m Höhe. Er wird selten in Gärten und Parks kultiviert. In Funchal stehen drei schöne Leberwurstbäume im Jardim Municipal, ein weiterer in Parque Santa Catarina. In der Quinta Magnólia ist er mit zwei Exemplaren vertreten.

Wissenswertes:
In seiner Heimat, den wechselfeuchten Gebieten Westafrikas, wird der Leberwurstbaum an die 20 m hoch. Dort können die Früchte bis 1 m lang und 10 kg schwer werden. Diese Dimensionen werden in den Gärten Madeiras nicht erreicht. Die fleischigen Früchte sind nicht essbar, werden aber in Afrika in der Volksmedizin und der Magie verwendet. Sie sollen nicht nur Rheuma, Schlangenbisse und Syphilis heilen, sondern auch böse Geister fernhalten. Die Blüten öffnen sich nur für eine Nacht. Tagsüber sieht man also nur Knospen und verwelkte Blüten.

AFRIKANISCHER TULPENBAUM
SPATHODEA CAMPANULATA

BLÜTEZEIT
Ganzjährig

MERKMALE
Der dekorative Baum wird bis 25 m hoch. Seine dunkelgrünen Blätter sind gefiedert. An der Oberfläche der dichten kugelförmigen Baumkrone sitzen die runden Blütenstände. Die orange- bis scharlachroten Einzelblüten sehen wie Tulpen aus und sind leicht zum Inneren des Blütenstandes hin gekrümmt.

STANDORT:
Im Bereich der Südküste Madeiras bis in Höhenlagen von ca. 200 m ist der Baum als Zierpflanze recht häufig zu sehen. In der Ortschaften säumt er Straßen , steht in Gärten und Parks. In Funchal wächst er z. B. im Parque Santa Catarina, an der Avenida do Infante und an der Avenida Luis Camões, die zum Hospital hinaufführt.

WISSENSWERTES:
Beheimatet ist der Baum in den Savannengebieten Afrikas, wo er - im Gegensatz zu Madeira - in der trockenen Jahreszeit die Blätter abwirft. Heute ist er in allen Ländern, wo er vom Klima her gedeihen kann, eine der häufigsten Zierpflanzen. Er wächst sehr schnell, sein Holz ist kaum zu verwerten. Während die äußeren Blüten sich schon geöffnet haben, bleiben die braunen, behaarten Knospen im Inneren des Blütenstandes noch geschlossen. Sie dienen Nektarvögeln als Landeplatz. Auf Madeira erfolgt keine Bestäubung.

Jacaranda, Palisanderbaum
Jacaranda mimosifolia

Merkmale

Die bis 20 m hohe, sehr knorrig wachsende Jacaranda verliert im Winter die Blätter. Bevor sie im Frühjahr erneut austreiben, erscheinen am kahlen Baum die attraktiven blauvioletten Blütenrispen. Sie bestehen aus zahlreichen Einzelblüten. Die zarten Blätter sind wie bei vielen Farnen doppelt gefiedert.

Standort:

In Höhenlagen bis 300 m gedeiht die Jacaranda im Süden Madeiras in Gärten und Parks. Besonders auffällig ist sie in Funchal, wo sie als Alleebaum ganze Straßenzüge Ende April in ein kräftiges Violett taucht, z. B. die Avenida Arriaga, die Avenida do Infante und die Rua João de Deus.

Wissenswertes:

Heimisch ist der Baum in den Savannengebieten Südbrasiliens. Die portugiesischen Entdecker übernahmen den indianischen Namen, wobei das „J" am Wortanfang wie in „Journal" ausgesprochen wird und die Betonung auf der letzten Silbe liegt. Wegen der spektakulären Blüte wird die Jacaranda heute in vielen Ländern gepflanzt. Im südafrikanischen Pretoria soll es 6000 Exemplare geben. Der deutsche Name Palisanderbaum ist irreführend. Das dunkle, weiche Palisanderholz stammt von ähnlichen Baumarten oder von Angehörigen der nicht näher verwandten Gattung Dalbergia.

Stolz von Bolivien, Gelbe Jacaranda
Tipuana tipu

Blütezeit

Juni bis September. Während dieser Zeit erscheinen immer wieder neue Blüten.

Merkmale

Der stattliche, dicht belaubte Baum mit der breiten Krone wird um 10 m hoch. Seine langen Blätter sind einfach gefiedert, die einzelnen Fiedern länglich eiförmig. Die kräftig gelben Blüten sitzen an kurzen Rispen.

Standort:

Bis in ca. 600 m Höhe, meist aber in Küstennähe findet man den Stolz von Bolivien an der Südseite Madeiras. Vor allem in Funchal säumt er viele Straßen, z. B. die Avenida Zarco oder Rua Arcipreste hinter der Markthalle.

Wissenswertes:

In seiner südamerikanischen Heimat (Brasilien, Argentinien, Bolivien) kann der Baum bis zu 35 m hoch werden. Sein botanischer Name bezieht sich auf das Valle Tipuana, ein Tal in Bolivien, wo er größere Bestände bildet. Er gehört zu der Familie der Hülsenfrüchtler, ist also mit der Jacaranda (Familie der Trompetenbaumgewächse s. S. 20) nicht näher verwandt. Dennoch heißt er wegen der gefiederten Blätter und der Blütenrispen auch Gelbe Jacaranda. Der Stolz von Bolivien wächst sehr schnell, ist anspruchslos und anpassungsfähig. Das macht ihn als Straßenbaum so beliebt. Sogar in milden Bereichen des Mittelmeergebiets wird er heute kultiviert.

AUSTRALISCHER FLAMMENBAUM
BRACHYCHITON ACERIFOLIUM

BLÜTEZEIT
Von April bis September

MERKMALE
Der Australische Flammenbaum wird bis ca. 10 m hoch. Die drei- bis fünffingrigen Blätter, die denen unseres Ahorns ähneln, wirft er im Winter ab. Im Frühjahr erscheint die Hauptblüte, bevor die Blätter erneut austreiben. Die kleinen, glöckchenförmigen, feuerroten Blüten stehen an langen, hängenden Trauben.

STANDORT:
In bis zu 200 m Höhe ist der Australische Flammenbaum an der Südküste Madeiras eine häufige Zierpflanze. Besonders oft sieht man ihn im Stadtgebiet von Funchal an Straßen, in Gärten und Parks. Ein auffallendes Exemplar spendet dem Innenhof der Markthalle von Funchal Schatten.

WISSENSWERTES:
In seiner Heimat Australien gedeiht der Baum im Regenwald der Ostküste. Vor allem in Südafrika ist er häufig als Parkbaum zu sehen. Er ist ausreichend frosthart, um sogar im Mittelmeerraum zu überleben. Die Stämme älterer Exemplare klingen hohl, wenn man dagegen klopft. Ursächlich dafür ist das extrem leichte weiche Holz. Es wird manchmal bei der Herstellung von Schwimmgürteln oder im Modellbau als Ersatz für Balsaholz verwendet.

Hortensienbaum
Dombeya wallichii

Blütezeit
Von November bis Februar

Merkmale
Der bis 8 m hohe Baum hat einen kugeligen Wuchs und ist dicht belaubt. Die herzförmigen bis schwach gelappten Blätter sind am Ende spitz und an der Unterseite weich behaart. Die halbkugeligen, herabhängenden Blütenstände erinnern an Hortensienblüten. Die Einzelblüten sind rosa mit gelben Staubbeuteln.

Standort:
Auf Madeira findet man den Hortensienbaum in Parks an der Südseite der Insel, vor allem in und um Funchal, bis ca. 300 m Höhe. Einzelexemplare stehen z. B. im Botanischen Garten, in der Quinta das Cruzes und der Quinta Palmeira.

Wissenswertes:
Heimat des Baums ist Madagaskar. Heute ist er als Zierpflanze in allem tropischen Ländern verbreitet. Trotz des Namens und der Blüten ist er mit den Hortensien nicht verwandt. Vielmehr gehört er zur Familie der Malvengewächse. Die Gattung Dombeya wurde nach dem Amerika-Reisenden J. Dombey (1742-1795) benannt. Sie umfasst noch rund 300 weitere Arten, die ausschließlich in Afrika und vor allem auf Madagaskar beheimatet sind. Ihre Blütenstände sich jedoch weniger attraktiv. Dennoch werden einige Dombeya-Arten aus Südafrika im Mittelmeerraum kultiviert, da sie im Gegensatz zum Hortensienbaum leichten Frost vertragen.

PRÄCHTIGER KORALLENBAUM
ERYTHRINA SPECIOSA

BLÜTEZEIT
Von Januar bis April

MERKMALE

Der bis 5 m hohe Baum hat herzförmige Blätter, die er in den Wintermonaten abwirft. Die Blüten erscheinen am kahlen Baum. Die kegelförmigen Blütenstände sitzen an den Triebenden meist zu mehreren an kurzen Seitenzweigen. Die korallenroten Einzelblüten haben sichelförmige Zipfel, die starr zur Seite abstehen.

STANDORT:

Auf Madeira findet man den Prächtigen Korallenbaum als Zierpflanze in Parks und Gärten. Er bevorzugt Höhenlagen bis maximal 300 m im sonnigeren Inselsüden. Mehrere Exemplare stehen z. B. im Parque Santa Catarina in Funchal. Auch in Machico und Ribeira Brava ist er anzutreffen.

WISSENSWERTES:

Die Heimat des Prächtigen Korallenbaums ist Südbrasilien. Eine ähnliche Art ist der bis 8 m hohe Abessinische Korallenbaum (Erythrina abyssinica) aus Zentral- und Ostafrika mit pinselförmigen Blütenständen. Die Fahnen der Einzelblüten sind schmaler und fadenförmig. Auch er ist in Parks auf Madeira vertreten. Die Samen der Korallenbäume sind meist giftig. Die Samen des Abessinischen Korallenbaums enthalten ein Betäubungsmittel, das wie Curare wirkt. Es führt beim Menschen zu Lähmungserscheinungen oder gar zum Tod.

HAHNENKAMM-KORALLENBAUM, KORALLENSTRAUCH
ERYTHRINA CRISTA-GALLI

BLÜTEZEIT
Von März bis September

MERKMALE
Der Baum kann bis 5 m hoch werden, bleibt aber meist strauchförmig. Seine ledrigen Blätter sind grob gefiedert und teilweise dornig. Von den anderen auf Madeira vertretenen Korallenbaum-Arten ist der Hahnenkamm-Korallenbaum leicht durch seine wie Hahnenkämme geformten Blüten zu unterscheiden.

STANDORT:
Bis in rund 300 m Höhe findet man den Baum im Süden der Insel vereinzelt in Parks oder Gärten. Ein außerordentlich großes Exemplar steht in Caniço auf dem Hauptplatz gegenüber der Kirche. Auch in Funchal ist die attraktive Pflanze gelegentlich zu sehen.

WISSENSWERTES:
Eigentlich ist der Baum im tropischen Südamerika zu Hause (Südbrasilien, Paraguay, Uruguay, Nordargentinien). Dort wird er von Kolibris bestäubt, die auffällig rote Blüten bevorzugen. Um die Vögel anzulocken produziert die Pflanze besonders viel Nektar. Dieser tropft oft aus den Blüten, was dem Baum den englischen Namen „Cry-Baby" (Heulsuse) eingebracht hat. Sogar in Südengland wird er im Freien kultiviert, er verträgt leichten Frost. Allerdings friert er dort sehr stark zurück. Ansonsten sieht man ihn oft in Kalthäusern der Botanischen Gärten, da er verhältnismäßig leicht zum Blühen zu bringen ist.

JUDASBAUM
CERCIS SILIQUASTRUM

BLÜTEZEIT
Von März bis Mai

MERKMALE
Der kleine Baum wird ca. 5 m hoch und wirft im Winter seine rundlichen Blätter ab. Die rosafarbenen Blüten ähneln denen der Schmetterlingsblütler. Sie erscheinen vor den Blättern und sitzen in kurzen Trauben direkt an den Zweigen („Stammblütigkeit" oder Kauliflorie), oft auf der gesamten Länge.

STANDORT:
Der Judasbaum bevorzugt Lagen zwischen 300 und 600 m, wo es relativ kühl und neblig ist. Dort wächst er in einigen Parks, z. B. in den Palheiro Gardens. Sonderlich häufig ist er nicht zu sehen.

WISSENSWERTES:
Der Baum ist in den Macchien des östlichen Mittelmeergebietes und in Vorderasien heimisch. Sein Name ist von „Judäa-Baum" abgeleitet, was auf seine geografische Herkunft Bezug nimmt. Der Legende nach soll sich Judas Ischarioth an einem solchen Baum erhängt haben, als ihm die Folgen seines Verrats an Jesus bewusst wurden. Die Blüten des Baumes sollen sein Blut symbolisieren. Seine flachen Samen stehen für die Silberlinge, also die Münzen die Judas für seinen Verrat von den Behörden erhielt.

Kap-Kastanie
Calodendrum capense

Blütezeit
Von Mai bis Juli

Merkmale
Der 7-15 m hohe Baum hat einen glatten, häufig verzweigten Stamm. Er entwickelt eine breite, Krone. Die bis 20 cm langen Blätter lassen an die Edelkastanie denken, stehen aber einzeln. Die kegelförmigen Blütenstände sind rosa und bestehen aus zahlreichen Einzelblüten mit je fünf schmalen Blütenblättern.

Standort:
Die Kapkastanie ist auf Madeira nicht besonders häufig. Hin und wieder findet man sie in Parks und Gärten. Sie ist vor allem im Stadtgebiet von Funchal zu sehen, aber auch z. B. in den Palheiro Gardens.

Wissenswertes:
Von Natur aus gedeiht die Kapkastanie in küstennahen Gebieten Südafrikas. Wegen ihrer attraktiven Blüten wurde sie in vielen tropischen und subtropischen Ländern als Zierpflanze eingeführt. Mit der Edelkastanie ist die Pflanze nicht näher verwandt. Erstere gehört zur Familie der Buchengewächse, letztere zu den Rautengewächsen. Auch die bei uns bekannten Rosskastanien bilden eine eigene Familie. Die Rautengewächse sind fast nur in wärmeren Zonen der Erde anzutreffen. Sie enthalten in Blättern wie in Früchten Drüsen mit ätherischen Ölen. Als bekannte Vertreter gehören Orangen und Zitronen zu den Rautengewächsen.

27

PERUANISCHER PFEFFERBAUM, FALSCHER PFEFFER
SCHINUS MOLLE

BLÜTEZEIT
Oktober bis Februar, Früchte trägt er ab Mai.

MERKMALE
Um 8 m Höhe erreicht der Baum, der mit seinen herabhängenden Zweigen an eine Trauerweide erinnert. Die ebenfalls hängenden gefiederten Blätter riechen beim Zerreiben kräftig nach Pfeffer. Aus den in Rispen stehenden, weißlich-unscheinbaren Blüten entwickeln sich grüne, in reifem Zustand rosa Beeren.

STANDORT:
In Höhenlagen bis 400 m findet man den Peruanischen Pfefferbaum vor allem an der Südküste Madeiras als Zierpflanze. Am häufigsten ist er in den Gärten und Parks von Funchal vertreten. Man begegnet ihm z. B. mehrfach im Parque Santa Catarina.

WISSENSWERTES:
Beheimatet ist der Baum nicht nur in Peru, wie der Name andeutet, sondern im gesamten tropischen Lateinamerika von Argentinien bis Mexiko. Mit der Pfefferliane (Piper nigrum), die den echten Pfeffer liefert, ist er nicht verwandt. Da die Früchte ebenfalls scharf, wenn auch etwas bitter und harzig schmecken, verwendete man sie früher häufig um den teuren echten Pfeffer zu strecken. Die heute bei uns im Handel erhältlichen „Rosa Beeren" stammen meist vom Brasilianischen Pfefferbaum (Schinus terebinthifolius). Sie sollten beim Kochen sparsam verwendet werden, da sie in größeren Mengen giftig sind.

DREIFARBIGER FRANGIPANI
PLUMERIA TRICOLOR

BLÜTEZEIT
Von Juni bis Oktober, einzelne Blüten ganzjährig.

MERKMALE
Der bis 6 m hohe Baum verzweigt sich schon wenig über dem Boden. Seine knorrigen, Milchsaft führenden Äste bilden eine breite Krone. Die dunkelgrünen Blätter sind groß und länglich. Während der Blütezeit werden sie abgeworfen und hinterlassen Narben. Die Blütenstände sind cremig rosa oder cremig orange.

STANDORT:
Bis in ca. 300 m Höhe wächst der Dreifarbige Frangipani vor allem im Bereich der Südküste in Gärten und Parks. Mehrere schöne Exemplare stehen z. B. in Funchal im Parque Santa Catarina und im Jardim Municipal.

WISSENSWERTES:
Ursprünglich ist der Dreifarbige Frangipani in Mexiko und im Norden Südamerikas beheimatet. Die Wildform hat weiße, am Grund gelbe Blüten. Heute werden die Zuchtformen vor allem im tropischen Asien kultiviert. Dort stehen sie als Symbol des ewigen Lebens oft zusammen mit dem Singapur-Pagodenbaum (Plumeria obtusa) in Tempelanlagen und auf Friedhöfen. Frangipani hieß ein Italiener, der im 12. Jh. ein beliebtes Parfum herstellte. Als Europäer Jahrhunderte später den Baum in Amerika kennen lernten, soll der intensive Duft seiner Blüten sie daran erinnert haben. Auf Madeira gedeiht zudem noch der Rote Frangipani mit roten Blüten.

In den Gärten

Buntfarbene Bauhinie, Orchideenbaum
Bauhinia variegata

Blütezeit
Von Januar bis April

Merkmale
Der Baum erreicht auf Madeira meist nur 4 m Höhe. Er hat lange, dünne Zweige. Seine silbrigen Blätter hängen an kurzen Stielen herab. Sie sind an der Spitze deutlich eingekerbt, so dass der Eindruck entsteht es seien zwei zusammengewachsene Blätter. Die einzelnen Blüten sind 10 cm breit und rosa oder blassviolett.

Standort:
In den Gärten und Parks der Südseite Madeiras ist der Orchideenbaum eine seltene Zierpflanze. Ein sehr schönes Exemplar steht neben der Zufahrt zum Casino in Funchal. Im Parque Santa Catarina und im Botanischen Garten wächst je ein Orchideenbaum.

Wissenswertes:
Beheimatet ist der Baum von Indien bis Südchina, vor allem an den Abhängen des Himalaja. Heute wird er in vielen tropischen und subtropischen Ländern kultiviert. Ebenso sieht man viele andere der rund 300 Bauhinia-Arten in den Gärten der Welt. Die Orchideenbäume verdanken ihren Namen der Blüte, von deren fünf Kronblättern eines lippenartig vergrößert ist. Damit erinnert sie an die einer Orchidee der Gattung Cattleya. Doch sind die Orchideenbäume nicht mit den Orchideen verwandt. Der botanische Name geht auf die Forscher Johann und Caspar Bauhin zurück (1541-1613 bzw. 1560-1624).

ENGELSTROMPETE
BRUGMANSIA CANDIDA

BLÜTEZEIT
Ganzjährig

MERKMALE
Der bis 4 m hohe Strauch fällt durch seine zahlreichen trompetenförmigen, bis 20 cm langen Blüten auf. Die fünf Kelchblätter sind zum „Hals" der Trompete verwachsen und laufen am Rand der breiten Öffnung in Zipfeln aus. Junge Blätter sind samtig behaart und leicht gezähnt, später glatt und ganzrandig.

STANDORT:
Die Engelstrompete findet man in vielen madeirensichen Gärten und Parks. Sie gedeiht sowohl in Küstennähe als auch - im Süden der Insel - bis über 500 m Höhe hinauf. Schöne Exemplare stehen z. B. im Park der Quinta Vigia in Funchal und in den Palheiro Gardens.

WISSENSWERTES:
Früher wurden die Vertreter der Gattung Brugmansia zur Gattung Datura (Stechapfel) gestellt. Heute zählen dazu jedoch nur noch krautige Pflanzen mit stacheligen Früchten. Die Engelstrompete ist ein Hybrid aus verschiedenen südamerikanischen Wildarten. Ebenfalls auf Madeira als Gartenpflanze vertreten ist die ähnliche Totentrompete (Brugmansia aurea) aus den nördlichen Anden. Alle Pflanzenteile der Brugmansia-Arten enthalten giftige Alkaloide. Als besonders toxisch gilt die Totentrompete. Aus ihren Blättern und Samen bereiten die indianischen Heiler ein berauschendes Getränk.

Japanische Kamelie
Camellia japonica

Blütezeit
Von Januar bis März

Merkmale
Bis über 3 m hoch kann die Japanische Kamelie werden. Sie nimmt eine Mittelstellung zwischen Strauch und Baum ein. Die eiförmigen Blätter sind dunkelgrün, ledrig und glänzend. Aus zahlreichen Knospen entwickeln sich rosenähnliche Blüten, die nur selten duften. Es gibt rosafarbene, rote und weiße Formen.

Standort:
Auf Madeira gedeiht die Japanische Kamelie dort, wo von Natur aus der wärmeliebende untere Bereich des Lorbeerwaldes zu Hause ist. Man trifft sie in diesen Höhenlagen in Parks und Gärten an. Eine Kamelienallee führt in die Palheiro Gardens. Ebenfalls sehr üppig wachsen Kamelien im Park von Queimadas, in Ribeiro Frio und in der Quinta do Santo da Serra.

Wissenswertes:
Die aus Ostasien stammenden Kamelien erhielten ihren Namen im 18. Jh. von dem berühmten Naturforscher Linné. Er nannte sie nach dem mährischen Abt Kamell (oder Camellius), der auf den Philippinen naturgeschichtliche Studien betrieben hatte. Erst zu Beginn des 19. Jh. kamen Kamelien aus China und Japan nach Italien. In Mailand und Florenz führte man ihre Zucht fort. Während die Wildform einfache rosa Blüten hat, wurden den Zierformen doppelte Blüten und verschiedene Farben angezüchtet.

GEMEINER OLEANDER,
ROSENLORBEER
NERIUM OLEANDER

BLÜTEZEIT
Von Mai bis August

MERKMALE
Der bis zu 3 m hohe Strauch hat aufrecht wachsende Zweige und lange, schmale, ledrige Blätter. Seine zahlreichen Blüten sind meist weiß oder rosa. Sie sehen wie kleine Räder aus, da ihre fünf Blütenblätter im Uhrzeigersinn gekrümmt sind. Es gibt auch kräftig rot blühende Zierformen, die oft gefüllt sind.

STANDORT:
Der Gemeine Oleander gedeiht auf Madeira fast ausschließlich im Süden. Dort bis in eine Höhe von ca. 400 m. Er bevorzugt trockenes und sonniges Klima. Häufig ist er an Straßenrändern und Verkehrsinseln gepflanzt. Gärten und Parks ziert er ebenfalls sehr oft.

WISSENSWERTES:
In seiner natürlichen Heimat, dem Mittelmeerraum, wächst der Gemeine Oleander meist an jahreszeitlich ausgetrockneten Flussläufen. Schon seit der Antike wird er als Zierpflanze geschätzt. Darstellungen des Strauches finden sich auf kretischen Wandgemälden aus dem 14. Jh. v.Chr. und in Pompeji. Stark duftende Zierformen gehen auf Kreuzungen mit dem Wohlriechenden Oleander (Nerium odorum) aus Indien zurück. Der Gemeine Oleander enthält Substanzen, die zu Herzstillstand führen. Seine pulverisierte Rinde wird in Südfrankreich als Rattengift benutzt. Auch Holz und Blätter sind giftig.

HIBISKUS,
CHINESISCHER ROSENEIBISCH
HIBISCUS ROSA SINENSIS

BLÜTEZEIT
Ganzjährig

MERKMALE
Der 1-3 m hohe Strauch verästelt sich sehr stark und trägt herzförmige, gesägte Blätter. Die fünfzähligen Blüten öffnen sich zu einem bis 10 cm breiten Trichter. Es gibt rote, rosafarbene, weiße, orange und gelbe Varianten. Der Stempel ragt weit aus der Blüte. Er hat viele gelbe Staubbeutel und fünf samtige Narben.

STANDORT:
Auf Madeira sieht man den Strauch sehr häufig in Gärten und Parks bis in eine Höhe von 400 m. Auch für Hecken wird er wegen seines dichten Wuchses gerne verwendet. Seltener ist sein Verwandter, der winterharte Syrische Eibisch (Hibiscus syriacus). Er hat kleinere, rosafarbene Blüten und sehr aufrechte Zweige.

WISSENSWERTES:
Beim Chinesischen Roseneibisch handelt es sich um einen der beliebtesten Ziersträucher. Ursprünglich ist er im Süden Ostasiens heimisch, wo er schon sehr lange kultiviert wird. Asiatinnen färbten früher mit dem Blütensaft Haare und Augenbrauen schwarz. Die Wildform blüht leuchtend rot. Durch Züchtungen entstanden die anderen Farben, gefüllte oder stark vergrößerte Blüten sowie gefleckte Blätter. Die Blüten sind sehr kurzlebig. Schon nach einem Tag schließen sie sich, was aber dank der reichen Knospenbildung nicht auffällt.

GROSSBLUMIGE TIBOUCHINE
TIBOUCHINA URVILLEANA

BLÜTEZEIT
Ganzjährig

MERKMALE
Der bis zu 3 m hohe Strauch hat eiförmig-spitze, samtige Blätter. Auffällig sind mehrere das Blatt längs unterteilende Nerven, von denen kleinere seitliche Blattnerven abzweigen. Die Blüten setzen sich aus fünf blau-violetten Blütenblättern zusammen. Die Staubfäden sind an der Spitze zu Hörnern gekrümmt.

STANDORT:
In Höhenlagen zwischen 200 und 700 m findet man die Großblumige Tibouchine in Gärten und Parks, vor allem in Norden der Insel. Sie liebt Schatten und eine gewisse Feuchtigkeit. Recht häufig ist sie z. B. in der Quinta do Santo da Serra.

WISSENSWERTES:
Ursprünglich stammt die Großblumige Tibouchine aus Brasilien und den angrenzenden Ländern. Wegen ihrer auffälligen Blüten ist sie heute überall in den Tropen und Subtropen ein beliebter Zierstrauch. Der Name der Gattung leitet sich von einer Bezeichnung aus einer Indianersprache Guayanas ab. Der französische Naturforscher Aublet, der Guayana 1762 bereiste, führte ihn in die Fachliteratur ein. Der Gattung Tibouchina gehören rund 250 Arten an. Alle enthalten reichlich Aluminium. In der indianischen Medizin werden sie wegen ihrer blutstillenden Wirkung geschätzt.

Erdnusskassie, Popcorn-Kassie
Senna didymobotrya

Blütezeit

Ganzjährig, aber vorwiegend im Frühjahr und Sommer.

Merkmale

Der 1,5 bis 3 m hohe Strauch hat aufrechte Zweige, an deren Ende jeweils mehrere goldgelbe Blütentrauben an kerzengeraden Stielen stehen. Die braunen Blütenknospen entfalten sich von unten nach oben, wobei ein Teil der Knospen lange geschlossen bleibt. Die großen immergrünen Blätter sind einfach gefiedert.

Standort:

Die auf Madeira sehr häufig gepflanzte Erdnusskassie ist vor allem im Süden der Insel in Gärten und Parks bis ca. 450 m Höhe zu sehen. Auch außerhalb von Funchal begegnet man ihr oft, z. B. in Caniço und Caniço de Baixo.

Wissenswertes:

Heimat der Erdnusskassie ist das tropische Ostafrika. Sie wird häufig mit der Kerzenkassie verwechselt, die auch Kerzenstrauch genannt wird. Letztere hat jedoch gelbe Knospen, wobei der ganze Blütenstand wie aus Wachs wirkt. Sie wird auf Madeira nicht kultiviert. Auffälliges Erkennungsmerkmal der Erdnusskassie ist der etwas unangenehme Geruch, den Blätter und auch Blütenknospen beim Zerreiben verströmen. Er erinnert an ranzige Erdnussbutter oder auch an altes Popcorn.

BOGENBLUME,
GRANATROTE RUHMESBLUME
CLIANTHUS PUNICEUS

BLÜTEZEIT
Von März bis Mai

MERKMALE
Der bis 2 m hohe Strauch ist
mit kleineren Exemplaren des
verwandten Hahnenkamm-
Korallenbaums (s. S. 25) zu verwechseln. Die orangen Blütenstände der Bogenblume hängen jedoch nach unten. Die
Einzelblüten erinnern von der
Form an Papageienschnäbel.
Die Blätter sind fein gefiedert,
die Zweige auffällig gebogen.

STANDORT:
Die Bogenblume bevorzugt auf Madeira
Höhenlagen zwischen 350 und 700 m, ist aber
bis in Küstenhöhe zu finden. Sie ist in Parks,
Gärten und an Straßenrändern relativ häufig
vertreten, vor allem in Funchal und Caniço.

WISSENSWERTES:
Ursprünglich stammt die Bogenblume aus
Neuseeland. In ihrer Heimat ist sie wegen Über-
weidung ihrer Lebensräume so gut wie ausgestorben. Sie gilt als eine der gefährdetsten
Pflanzenarten der Welt. Zum Glück lässt sie sich
leicht kultivieren und ist wegen ihrer Blütenfülle vor allem in England als Zierpflanze sehr
gefragt. Dort lässt sie sich im Freien halten, sie
verträgt leichten Frost. Ansonsten gedeiht sie in
Kalthäusern botanischer Gärten, aber auch in
vielen privaten Weingärten Mitteleuropas. Als
Kletterpflanze wird sie gern an Spalieren oder
als Ampelpflanze gezogen. Außer den orangen
sind auch rosafarbene und weiße im Handel.

37

Starrer Zylinderputzer
Callistemon rigidus

Blütezeit
Von April bis Juni

Merkmale
Der immergrüne Strauch erreicht eine Höhe von 1-2 m. Seine ledrigen Blätter stehen quirlförmig an den Zweigen. Sie sehen aus wie die Nadeln einer Konifere und duften beim Zerreiben aromatisch. Die leuchtend roten Blütenstände erinnern mit den abstehenden Staubfäden der Einzelblüten an Flaschenbürsten.

Standort:
Der Starre Zylinderputzer wächst in den Küstengebieten Madeiras, im Süden sogar bis 450 m Höhe. Als Einzelpflanze ziert er viele Gärten und Parks. In Funchal steht er z. B. im Parque Santa Catarina, in São Vicente bei der Vulkanhöhle.

Wissenswertes:
Heimat des Starren Zylinderputzers ist Südost-Australien. Er ist an häufige Buschbrände angepasst. Die ätherischen Öle in seinen Blättern entzünden sich so rasch, dass der Flamme der Sauerstoff entzogen wird und die Zweige kaum Schaden nehmen. Die Samen bleiben in zapfenartigen Gruppen mehrere Jahre an der Pflanze. Erst wenn sie Feuer ausgesetzt waren, öffnen sich die Samen und keimen. In der Asche der abgebrannten Pflanzendecke haben sie kaum Konkurrenz. Eine ähnlich Art, der Rutenförmige Zylinderputzer, wird ebenfalls auf Madeira kultiviert. Seine Blätter sind weicher, die Zweige hängen wie bei einer Trauerweide.

PROTEUSSTRAUCH, KAP-ARTISCHOCKE
PROTEA CYNAROIDES

BLÜTEZEIT
Von April bis Juni

MERKMALE
Der 1 bis 1,5 m hohe Strauch hat spatelförmige, ledrige Blätter. Sie sind leicht gewellt und silbrig. Die Blütenkörbe erinnern an Artischocken oder Disteln. Die äußeren Hüllblätter sind violett bis rosa, die inneren Röhrenblüten von zartviolett über grün bis silbern gefärbt.

STANDORT:
In den Palheiro Gardens stehen Proteussträucher in zwei Gruppen zusammen. Hier sind auch weitere Protea-Arten mit anderen Blütenfarben und -formen vertreten. Einzelexemplare sieht man z. B. im Garten der Quinta von Prazeres oder bei der Quinta do Furão (Santana). In ca. 400-700 m Höhe bei Camacha und oberhalb von Calheta gibt es einige Felder, auf denen Proteen für den Verkauf gezüchtet werden.

WISSENSWERTES:
Proteussträucher wurden nach Madeira von Mildred Blandy eingeführt, die im 20. Jh. fünf Jahrzehnte die Geschicke von Blandy´s Garden (heute Palheiro Gardens) leitete. Sie war in Südafrika aufgewachsen und hatte eine Vorliebe für die Flora ihrer Heimat. In den vergangenen Jahren wurde die Protea als Schnittblume neu entdeckt, nachdem sie im 19. Jh. schon einmal groß in Mode war. In der Vase bleibt sie auch in trockenem Zustand monatelang attraktiv.

Bougainvillea, Kahle Drillingsblume Bougainvillea glabra

Blütezeit
Ganzjährig, vor allem im Frühsommer

Merkmale
Die dornige Kletterpflanze windet sich bis zu 25 m lang an Mauern, und Hauswänden. Die eigentlichen Blüten sind gelblich und sehr klein. Je drei von ihnen sind von drei leuchtend purpurroten, ovalspitzen Hüllblättern umgeben (daher der Name Drillingsblume). Bei Zuchtformen kommen auch andere Farben vor.

Standort:
In Funchal und Santa Cruz sind die kanalisierten Flussbetten aus ästhetischen Gründen mit Drähten überspannt, an denen Drillingsblumen ranken. Auch ansonsten zählen sie wegen ihrer Blütenfülle zu den beliebtesten Zierpflanzen auf Madeira und sind in Höhenlagen bis 450 m vor allem im Süden beinahe allgegenwärtig.

Wissenswertes:
Die ähnliche Behaarte Drillingsblume (Bougainvillea spectabilis) ist ebenfalls - wenn auch seltener - auf Madeira vertreten. Sie hat behaarte Blätter und violettrote, herzförmige Blütenblätter. Durch Zucht und Kreuzung beider Arten entstanden zahlreiche Farben (violett, rosa, orange, weiß). Der botanische Name erinnert an den französischen Admiral Louis Antoine de Bougainville. Er leitete von 1766 bis 1769 eine Expedition nach Brasilien, bei der die Drillingsblumen entdeckt wurden. Heute sind sie in allen tropischen und subtropischen Ländern in Kultur.

GOLDKELCH
SOLANDRA MAXIMA

BLÜTEZEIT
Ganzjährig, außer im Sommer.

MERKMALE
Das verholzte Klettergewächs ist bis 12 m lang. Die ledrigen Blätter sind elliptisch und kurzspitzig. Sehr auffällig sind die gelben, trichterförmigen Blüten. Nach außen ist der Blütenbecher zu einem breiten, fünflappigen Saum umgebogen. Von jedem Lappen läuft ein violettbrauner Streifen ins Innere des Trichters.

STANDORT:
Da die Pflanze sehr schnell und kräftig wächst, wird sie vor allem in größeren Gärten und Parks kultiviert. Sie findet sich auf Madeira recht häufig, meist auf der Südseite in Höhenlagen bis ca. 350 m. Zu sehen ist sie z. B. in Funchal im Park der Quinta Vigia oder im Botanischen Garten.

WISSENSWERTES:
Der Goldkelch stammt aus den amerikanischen Tropen. Dort wird das Wasser, mit dem die noch geschlossenen Blütenknospen gefüllt sind, traditionell gegen Bindehautentzündung verwendet. Die Pflanze selbst ist allerdings giftig. Die Indianer stellten aus ihr berauschende Drogen her. In der Natur wird der Goldkelch von Fledermäusen bestäubt. Daher entfalten sich die Blüten am Abend, und zwar so schnell, dass man dabei zuschauen kann. Auch der süßliche Duft, der nachts deutlich stärker ist als tagsüber, ist charakteristisch für Blüten, die von Fledermäusen aufgesucht werden.

In den Gärten

Feuerranke, Feuer-Bignonie
Pyrostegia venusta

Blütezeit
Von November bis Februar

Merkmale
Die Kletterpflanze entwickelt bis zu 10 m lange Triebe. Ihre Blätter stehen meist zu dritt, sind elliptisch bis länglich und an der Basis schief. Die Unterseite ist rotbraun behaart. In dichten Rispen stehen die hängenden, leuchtend orangefarbenen Blüten. Diese sind ca. 6 cm lang und röhren- bis trichterförmig.

Standort:
Auf Madeira wird die Feuerranke gern an Mauern, Zäunen und Pergolen gehalten. Sie gedeiht vor allem im Süden der Insel, bis in Höhenlagen von ca. 350 m. Sowohl in Privatgärten als auch in öffentlichen Parks (z. B. im Botanischen Garten von Funchal) ist sie häufig zu sehen.

Wissenswertes:
Ursprünglich stammt die Feuerranke aus Brasilien. Heute wird sie weltweit in tropischen und subtropischen Ländern kultiviert. Sie gehört zur Familie der Trompetenbaumgewächse (Bignoniaceae). Dieser Pflanzenfamilie wird auch die ganzjährig blühende Kap-Trompetenwinde (Tecomaria capensis) aus Südafrika zugeordnet. Der nur schwach kletternde Strauch ist ebenfalls häufig auf Madeira zu sehen, oft gemeinsam mit der Feuerranke. Seine Blätter stehen zu sechs bis neun zusammen. Auch seine Blüten bilden dichte Rispen. Sie wachsen aufrecht und öffnen sich zu deutlichen Trichtern.

FENSTERBLATT, KÖSTLICHER KOLBENRIESE
MONSTERA DELICIOSA

BLÜTEZEIT
Von Juni bis September

MERKMALE
Die Äste der Kletterpflanze können mehr als 10 m lang werden und bilden zahlreiche Luftwurzeln aus. Die riesigen Blätter sind zunächst herzförmig, später durchlöchert oder fiedrig gelappt. Der bis zu 25 cm lange cremefarbene Blütenkolben ist zur Hälfte von einem dicken weißen Hüllblatt umgeben.

STANDORT:
In bis 400 m Höhe findet man das Fensterblatt vor allem im Süden Madeiras in Parks und vielen Privatgärten. So ist es z. B. in Funchal im Jardim Municipal und im Botanischen Garten zu sehen. Es windet sich nicht nur an Bäumen, sondern oft auch an Mauern und Zäunen entlang.

WISSENSWERTES:
Ursprünglich stammt die Pflanze aus Mexiko. Aus dem Blütenstand entwickelt sich im Sommer ein essbarer Kolben. Die Portugiesen nennen ihn Fruto Delicioso (köstliche Frucht), er gilt als Delikatesse. Der Kolben setzt sich aus zahlreichen fleischigen, sechseckigen Zellen zusammen, die allmählich von unten nach oben reif werden. Der Geschmack liegt irgendwo zwischen Banane und Ananas. Vorsicht ist wegen der enthaltenen Oxalsäure geboten, die zu Schleimhautreizungen führen kann. Auf dem Markt in Funchal werden die Fruchtstände den Touristen zu stolzen Preisen angeboten.

Fächeraloe
Aloe plicatilis

Blütezeit
Im April und Mai

Merkmale
Die Pflanze wird nur bis 2 m hoch, bildet aber einen dicken Stamm aus. Dieser verzweigt sich vielfach. An den Enden der Zweige sitzt jeweils ein Schopf von langen, fleischigen, graugrünen Blättern. Sie stehen sich in zwei Zeilen gegenüber. Die roten, spitzkegelförmigen Blütentrauben stehen aufrecht auf dünnen Stängeln.

Standort:
Die ursprünglich in Südafrika heimische Fächeraloe wird im Süden Madeiras bis 400 m Höhe kultiviert. Sie schmückt sowohl Privatgärten als auch Parks. Besonders prachtvolle Exemplare stehen in der Sukkulentenabteilung des Botanischen Gartens in Funchal.

Wissenswertes:
Schon im 17. Jh. wurde die Fächeraloe nach Europa gebracht und wird seither auch bei uns gern als Kübelpflanze gehalten. Im Freien gedeiht sie ganzjährig nur dort, wo es keinen Frost gibt. Neben der Aloe Vera ist die Fächeraloe eine der Arten aus denen Aloe-Harz gewonnen wird. Dazu wird der Saft aus den Blättern gequetscht und eingedickt. Mit Schwefelsäure versetzt kann das Aloe-Harz als Färbemittel verwendet werden. Als Abführmittel wird es noch vereinzelt eingesetzt. Früher war es als solches unverzichtbar, als die Darmentleerung noch Grundlage jeder medizinischen Behandlung war.

BAUMALOE
ALOE ARBORESCENS

BLÜTEZEIT
Von Oktober bis Februar

MERKMALE
Die schlanken, fleischigen Blätter sind an den Rändern gezähnt. Sie stehen in einer dichten Rosette von ca. 50 cm Durchmesser. Mehrere Rosetten sitzen jeweils auf einem kurzen, verzweigten Stamm. Aus jeder Rosette treiben mehrere kegelförmige, leuchtend rote Blütenstände an langen Stängeln.

STANDORT:
Im Bereich der Südküste (bis maximal 600 m Höhe, meist aber darunter) ist die Baumaloe eine der häufigsten Zierpflanzen entlang von Straßenrändern. Ebenso in Gärten, Parks und rund um Aussichtsterrassen ist sie häufig gepflanzt. Manchmal verwildert sie auf Brachland.

WISSENSWERTES:
Ursprünglich stammt die Baumaloe aus Südafrika. Auch die anderen rund 200 Aloe-Arten sind in Afrika, Madagaskar und Arabien beheimatet. Mit den Agaven, denen sie auf den ersten Blick sehr ähneln, sind sie nur entfernt verwandt. Letztere sind in ihrem Vorkommen auf den Süden der USA bis Südamerika beschränkt. Die Lebensumstände in Übergangszonen zwischen Savannen und Wüste („Dornsavannen") haben die beiden Pflanzengattungen unabhängig voneinander zu ähnlichen Anpassungen und damit zu einem vergleichbaren Äußeren geführt.

WEICHER AKANTHUS
ACANTHUS MOLLIS

BLÜTEZEIT
Von Mai bis Juli

MERKMALE
Die krautige Pflanze entwickelt bis zu 1 m hohe, kerzenförmige Blütenstände. Ihre zungenförmigen Einzelblüten sind weißlich mit violetten Adern. Der obere Lappen des Blütenkelches ist stark vergrößert Die großen, dunkelgrünen Blätter sind stark gelappt und von kräftigen Blattadern durchzogen.

STANDORT:
Bis in ca. 600 m Höhe findet man den Weichen Akanthus vor allem in Gärten des Inselsüdens. Oft ist er auch an Weg- und Levadarändern verwildert. Seht zahlreich ist die Pflanze in den Palheiro Gardens, am Zugang bei der Kamelien-Allee. Auch bei Camacha wächst sie recht häufig.

WISSENSWERTES:
Der Weiche Akanthus ist im Mittelmeerraum bis nach Kleinasien heimisch. Seine Blätter dienten wie die des Dornigen Akanthus (Acanthus spinosus) im antiken Griechenland als Vorbild für die Blattornamente an den Säulenkapitellen des korinthischen Tempels. Später wurde dieses Fruchtbarkeitsmotiv von den Römern übernommen und seit dem 15. Jh. in der europäischen Architektur immer wieder aufgegriffen. Auf Madeira taucht es häufig bei den Keramikplastiken an den Ecken der Ziegeldächer älterer Häuser auf. Symbolisch sollte der Familie dadurch reicher Kindersegen beschert werden.

REICHBLÜTIGE MITTAGSBLUME
DROSANTHEMUM FLORIBUNDUM

BLÜTEZEIT
Von April bis Juli

MERKMALE
Die Pflanze hat unzählige winzige, fleischige Blätter. Sie sitzen an dünnen Stängeln, die am natürlichen Standort dem Boden aufliegen. In Kultur wird die Pflanze meist als Hängepflanze gezogen. Die zahlreichen Blüten haben in der Mitte ein helles Körbchen und außen einen Kranz von schmalen, violetten Blütenblättern.

STANDORT:
Die Reichblütige Mittagsblume wird auf Madeira meist in Privatgärten bis 800 m Höhe kultiviert. Im Norden der Insel gedeiht sie nicht ganz so weit hinauf. Häufig wird sie auf Balkonen oder an Mauern gepflanzt. Man sieht sie auch als Ampelpflanze.

WISSENSWERTES:
Heimisch ist die Reichblütige Mittagsblume in Südafrika. Von dort kommt auch die Rote Mittagsblume mit sehr großen Blüten und dickfleischigen Blättern. Sie wird auf Madeira in Gärten und Mauern gepflanzt. Mittelmeerreisenden ist sie - obwohl auch nur eingebürgert - als die „Mittagsblume" schlechthin bekannt. Mittagsblumen im engeren Sinn gehören der verwandten südeuropäischen Gattung Mesembryanthemum an, die auf Madeira mit zwei wild wachsenden Arten vertreten ist (s. S. 81). Allen Mittagsblumen ist gemein, dass sie ihre Blüten nur im Sonnenschein um die Mittagszeit öffnen.

NATAL-STRELITZIE
STRELITZIA NICOLAI

BLÜTEZEIT
Ganzjährig

MERKMALE
Die Natal-Strelitzie ähnelt mit ihrem baumartigen Wuchs (bis 5 m hoch) und den langen Blättern einer Bananenstaude. Die Blätter stehen sich jedoch in zwei Reihen gegenüber. Die Blüten entsprechen vom Aufbau her denen der Königin-Strelitzie (s. S. 49), doch bilden jeweils bis zu fünf Einzelblüten einen Blütenstand.

STANDORT:
Auf Madeira wächst die Natal-Strelitzie in Parks und Gärten vorwiegend in Funchal. Sie benötigt warme, windgeschützte Bedingungen und viel Feuchtigkeit. Schöne Einzelexemplare stehen z. B. im Parque Santa Catarina und in der Quinta das Cruzes.

WISSENSWERTES:
Heimisch ist die Natal-Strelizie in Südafrika, wo sie vom östlichen Kapland über Natal und Mozambique bis nach Simbabwe in Regenwäldern zu finden ist. Von den fünf Arten der Gattung Strelitzia bleibt nur die Königin-Strelitzie niedrig. Die vier anderen entwickeln sich zu baumähnlichen Formen. Trotz der Größe und des dichten Stammes handelt es sich bei der Natal-Strelitzie nicht um einen Baum. Der Stamm ist nicht verholzt, sondern aus den am Grund stark verbreiterten Blattstielen gebildet. Diese sind weich und bestehen zum größten Teil aus Wasser. Ähnlich wie bei der verwandten Banane.

KÖNIGIN-STRELITZIE, PARADIESVOGELBLUME
STRELITZIA REGINAE

BLÜTEZEIT
Ganzjährig, vorwiegend im Winter und Frühjahr.

MERKMALE
Die schaufelförmigen Blätter ähneln denen der Banane, sitzen aber an langen Stielen, die direkt dem Wurzelstock entspringen. Auf den 1 m hohen Blütenstängeln sitzt eine Art Schnabel, aus dem bis zu drei Blüten wachsen. Von den ca. 10 cm langen Blütenblättern sind drei breit und orange, drei weitere violett und spießförmig.

STANDORT:
Die Königin-Strelitzie wird auf Madeira häufig in Gärten und Parks gepflanzt. Sie bevorzugt den Inselsüden und gedeiht dort bis in 400 m Höhe. Hier und da wird sie auch auf Feldern für den Verkauf an Blumenhändler angebaut. Eine schöne Rabatte aus den attraktiven Pflanzen besitzt z. B. der Botanische Garten in Funchal.

WISSENSWERTES:
Die Pflanze stammt vom Kap der Guten Hoffnung. Ihren botanischen Namen verdankt sie dem deutschen Botaniker und Gärtner Andreas Auge, der im Dienst der britischen Ostindien-Kompanie stand und den heute weltberühmten Botanischen Garten von Kapstadt gründete. Er ehrte damit Charlotte von Mecklenburg-Strelitz, die Gemahlin des damaligen englischen Königs Gregor III. Anlass war ein Besuch des Königspaares 1774 in Kapstadt. Unter günstigen Bedingungen kann man die Königin-Strelitzie fast zwei Wochen in der Vase am Blühen halten.

49

KANNA, INDISCHES BLUMENROHR, SCHWANENBLUME
CANNA INDICA

BLÜTEZEIT
Von April bis Oktober

MERKMALE
Die breiten, grünlich-violetten Blätter bilden mit ihren Blattstielen einen bis 1 m hohen Scheinstamm. Aus diesem wächst ein Blütenstängel mit einer Rispe von zehn völlig asymmetrischen Blüten. Bei der Wildform sind die Blütenblätter schmal und rot. Zuchtformen können auch orange, rosa oder weiß sein.

STANDORT:
Meist sieht man das Indische Blumenrohr im Küstenbereich. Im Süden der Insel kann es aber bis in rund 700 m Höhe gedeihen. Es ist eine beliebte Gartenpflanze und wächst in größeren Gruppen, da es sich häufig vegetativ über Wurzelsprosse vermehrt. In Parks ziert es oft Blumenrabatten, z. B. im Stadtgarten von Camacha. Eine große Kolonie wächst in der „Höllenschlucht" der Palheiro Gardens.

WISSENSWERTES:
Der botanische Gattungsname (canna = lat. Rohr) erinnert an die Ähnlichkeit mit Schilfrohr, auch was den natürlichen Standort betrifft. In ihrer südamerikanischen Heimat stehen Blumenrohrgewächse an Ufern von Gewässern und Sümpfen. So stammt das Indische Blumenrohr keineswegs aus Indien, sondern aus dem tropischen Amerika („West-Indien"). Man sieht auf Madeira in Kultur sowohl die Wildform als auch zahlreiche Zuchtformen.

KAHNBLUME, CYMBIDIUM
CYMBIDIUM INSIGNE

STANDORT:
Auf Madeira kann die Kahnblume bis in ca. 500 m Höhe kultiviert werden. In Blumentöpfe gepflanzt ziert sie die Balkone, Terrassen und Außentreppen vieler Häuser, vor allem im Norden der Insel. Im trockeneren Süden wird sie zum Schutz vor Sonne und Wind meist unter Gazenetzen gehalten. Eine reiche Auswahl an Cymbidien und anderen Orchideen ist z. B. in der Quinta da Boa Vista in Funchal zu besichtigen. Über kleinere Orchideenabteilungen verfügen Quinta das Cruzes und Botanischer Garten.

BLÜTEZEIT
Von Januar bis Mai

WISSENSWERTES:
Eigentliche Heimat der Kahnblume ist Vietnam. Im Gegensatz zu vielen epiphytisch (auf Bäumen) lebenden Orchideen wächst sie in der Erde. Bei uns kann sie im Zimmer und im Sommer im Freien gehalten werden. Sie bevorzugt helle und luftige Standorte und ist wegen ihrer langen Blütezeit sehr beliebt. Auf Madeira gibt es mehrere Blumenfarmen die Kahnblumen züchten.

MERKMALE
Die auffällige Orchidee treibt eine 50 bis 100 cm hohe Blütenrispe, an der bis zu 25 große Einzelblüten sitzen. Diese sind zweiseitig symmetrisch mit fünf äußeren Blütenblättern und einer breiten Lippe im Inneren. Die Farbe ist meist blassrosa, wobei die Lippe violett gefleckt ist.

TRAUBENFÖRMIGE FACKELLILIE
KNIPHOFIA UVARIA

BLÜTEZEIT
Von März bis September

MERKMALE
Das um 1 m hohe Liliengewächs besitzt lange, schmale, grundständige Blätter und aufrechte Blütenstängel. Diesen sitzt ein Blütenstand auf, der an eine Fackel erinnert. Die Röhrenblüten erblühen nach und nach von unten nach oben. In jungem Zustand sind sie orange, kurz vor dem Welken färben sie sich gelb.

STANDORT:
Auf Madeira begegnet man der Fackellilie überall im Küstengebiet. Im Süden kann sie bis in 700 m Höhe kultiviert werden. Sie ist im Botanischen Garten von Funchal vertreten, ziert Blumenrabatten in vielen Parks und Privatgärten.

WISSENSWERTES:
Heimat der Pflanze ist Südafrika. Schon im 18. Jh. wurde sie in Europa eingeführt, wo sie auch in gemäßigten Klimabereichen im Freien gehalten werden kann. Der Gattungsname erinnert an J. H. Kniphof (1704-1763), seinerzeit Professor für Medizin an der Universität Erfurt. Vor allem in den angelsächsischen Ländern und in Holland wurde die Traubenförmige Fackellilie als Gartenpflanze populär. Man kreuzte sie mit anderen der über 70 bekannten Kniphofia-Arten. Heute sind über 150 Hybriden bekannt. Viele weitere gingen im Zweiten Weltkrieg verloren, als in Großbritannien per Gesetz Blumengärten durch Gemüsefelder ersetzt werden mussten.

GROSSE FLAMINGOBLUME
ANTHURIUM ANDREANUM

BLÜTEZEIT
Ganzjährig

MERKMALE
Die breiten, dunklen Blätter sind am Grund herzförmig und oben spitz. Ihre Stiele kommen direkt aus dem Wurzelstock; so auch der bis 80 cm hohe Blütenstängel, an dem eine große Blüte sitzt. Sie besteht aus einem gelben Kolben und einem großen, roten Hüllblatt. Bei Zuchtformen auch weiß oder rosa.

STANDORT:
Auf Madeira wird die Große Flamingoblume bis in eine Höhe von ca. 500 m kultiviert. Sie benötigt feuchte, schattige Standorte. Oft wird sie unter Gazeabdeckungen gehalten, um sie vor dem direkten Sonnenlicht zu schützen. Man findet sie in Funchal z. B. in der Quinta das Cruzes bei der Orchideenzucht oder auch im Botanischen Garten. In vielen Privatgärten steht sie bei den Häusern in Töpfen. Die Blüten werden an die Markthändler verkauft.

WISSENSWERTES:
Außer der Großen Flamingoblume (ursprünglich aus Kolumbien) befindet sich auf Madeira noch die ähnliche, robustere Kleine Flamingoblume oder Schwanzblume in Kultur. Allerdings ist sie seltener zu sehen. Sie wird nur ca. 40 cm hoch, hat einen roten Blütenkolben und ein ebenfalls rotes, aber schmaleres Blatt. Ihre Blätter sind länglich. Die Wildformen beider Arten wachsen in ihrer Heimat als Epiphyten auf Bäumen.

KAP-MILCHSTERN
ORNITHOGALUM THYRSOIDES

BLÜTEZEIT
Im Mai und Juni

MERKMALE
Das Zwiebelgewächs entwickelt bis zu 60 cm hohe, aufrechte Blütenstängel. Diesen sitzen spitzkegelige Blütenstände auf. Die innen milchweißen Einzelblüten wirken mit ihren spitzen Blütenblättern wie kleine Sterne. Die schmalen, langen Blätter entspringen als Rosette dem Grund des Stängels.

STANDORT:
Zwischen 200 und 800 m Höhe wächst der Kap-Milchstern am Südabhang der Insel recht oft in Gärten und Parks. Besonders häufig ist er bei Camacha, wo er für den Schnittblumenverkauf auf den Blumenmärkten von Funchal auch auf kleinen Feldern angebaut wird.

WISSENSWERTES:
Der Milchstern zählt zu den Liliengewächsen. Heimisch ist er in Südafrika, wo er vor allem für das Kapland charakteristisch ist. In dem dortigen Klima sind die Standortbedingungen ähnlich wie im Mittelmeergebiet, wo der Kap-Milchstern eine Reihe von Verwandten hat. Sogar in Mitteleuropa ist mit dem Doldigen Milchstern (Ornithogalum umbellatum) eine Art vertreten. Alle Milchstern-Arten besitzen ähnliche Blüten und sind daher schwer voneinander zu unterscheiden. Unterschiede gibt es vor allem bei der Form der Blütenstände, die bei den europäischen Arten sehr viel lockerer aussehen.

RITTERSTERN, AMARYLLIS
HIPPEASTRUM VITTATUM

BLÜTEZEIT
Von März bis Mai

MERKMALE
Der Ritterstern ist als Zierpflanze sehr bekannt. Er ist mit den Narzissen verwandt und hat die typischen, langen schmalen Blätter. Die Blüten sitzen zu mehreren an der Spitze dicker Stängel. Die Farbe variiert von blassrosa bis dunkelrot. Die sechs Kronblätter mit Mittelstreifen sind nicht miteinander verwachsen.

STANDORT:
Als reine Gartenpflanze findet man den Ritterstern nie verwildert, im Gegensatz zu der sehr ähnlichen Belladonnalilie (s. S. 110). Er ist vor allem in mittleren Höhenlagen in großen Parks vertreten: Im Botanischen Garten, in den Palheiro Gardens, im Jardim Tropical do Monte Palace. Auch in Privatgärten sieht man ihn recht oft, auch im Norden der Insel.

WISSENSWERTES:
Die Verwechslungsgefahr mit der sehr viel häufigeren Belladonnalilie ist groß, vor allem bei den rosafarbenen Varianten des Rittersterns. Die Belladonnalilie blüht jedoch im Herbst und ihre Blütenblätter sind zu einem Trichter verwachsen. Der Ritterstern ist die weltweit meistkultivierte „Amaryllis". Allerdings haben die Botaniker die in Südamerika heimischen Rittersterne aus dieser Gattung ausgegliedert. Einzige „echte" Amaryllis ist heute die Belladonnalilie.

Kleine Klivie, Riemenblatt
Clivia minata

Standort:

Die Kleine Klivie wird auf Madeira bis in Höhen von ca. 500 m kultiviert. Sie gedeiht hervorragend im Schatten hoher Bäume und liebt eine gewisse Luftfeuchtigkeit. Zu sehen ist sie in vielen Gärten und in den meisten Parks.

Wissenswertes:

Ursprünglich stammt die Kleine Klivie aus Südafrika, ebenso wie die seltenere Edelklivie (Clivia nobilis). Letztere hat längere Blätter und hängende, fast geschlossenen Blüten, die von Juli bis November erscheinen. Sie sind kräftig orange und im Zentrum des Trichters gelb. Auch die Edelklivie liebt feuchte, schattige Standorte. Im Jardim Tropical do Monte Palace stehen zahlreiche Exemplare. 1854 wurden Klivien erstmals nach Europa eingeführt und nach Lady C. Clive, Herzogin von Northumberland, benannt. Damals hatten sie noch fadenförmige Blätter. Durch Züchtungen wurden die Blätter verbreitert, weil die Pflanzen so attraktiver wirken.

Blütezeit
Von April bis Juni

Merkmale

Die um 50 cm hohe Pflanze gehört zu den Amaryllisgewächsen. Ihre bis 70 cm langen, hellgrünen Blätter treiben direkt aus dem Wurzelstock und bilden eine Grundrosette. Die Blütenstängel erheben sich kaum über die Blätter. An ihrer Spitze erscheinen Dolden von je 15 kräftig orangeroten, trichterförmigen Einzelblüten.

POWELLS HAKENLILIE
CRINUM POWELLII

STANDORT:
Powells Hakenlilie bevorzugt feuchte, schattige Standorte. Als Zierpflanze wird sie in Gärten oder Parks oft unter Bäumen gepflanzt. Man sieht sie sehr häufig. Auch an Straßen- oder Wegrändern wird sie hier und da gesetzt, speziell im feuchteren Norden der Insel. Sie neigt nicht zum Verwildern.

BLÜTEZEIT
Von Dezember bis Mai

WISSENSWERTES:
Die Pflanze steht botanisch den Klivien sehr nahe und gehört somit zu den Amaryllisgewächsen. Zu ihrer engeren Verwandtschaft zählen die Belladonnalilie (s. S. 110) und der Ritterstern (s. S. 55). Die Gattung Crinum ist mit über 100 Arten in allen tropischen und subtropischen Gebieten der Erde vertreten. Vor allem in Küstenzonen oder allgemein in der Nähe von Wasser. Bei Powells Hakenlilie handelt es sich um eine Kreuzung aus den beiden südafrikanischen Arten Crinum bulbispermum und Crinum moorei. Sie ist somit eine reine Gartenpflanze.

MERKMALE
Die bis 50 cm hohe Staude entwickelt kräftige, lange Blätter, die im Winter eintrocknen. Am oberen Ende des Blütenschafts sitzt eine Dolde aus mehreren großen, weiß oder leicht rosa getönten Trichterblüten, bestehend aus je fünf Blütenblättern. Die Blüten stehen seitlich ab oder hängen sogar herunter.

Küstenvegetation

Das Klima in der südlichen Küstenregion Madeiras ähnelt dem des Mittelmeergebiets. Die Sommer sind relativ heiß und trocken. Niederschläge fallen fast nur zwischen Oktober und Mai. Diese Monate weisen ein mildes Frühlingsklima auf. So scheint im Süden der Insel in Höhen bis ca. 300 m ein lockerer, der mediterranen Macchie ähnlicher Buschwald gestanden zu haben, bevor die Portugiesen Madeira im 15. Jh. besiedelten. Er bestand aus Drachenbäumen, Kanaren-Wacholder und Madeira-Ölbaum. An steileren Hängen, wo Bäume schlecht Fuß fassen können, gediehen Büsche wie die Fischfang-Wolfsmilch oder der Prächtige Natternkopf. Im Frühjahr verwandelten zahlreiche endemische Kräuter und Stauden die südliche, sonnenverwöhnte Küstenregion in ein Blütenmeer. Viele dieser Pflanzen sind sukkulent, d. h. sie speichern Wasser in Blättern oder Stängeln. Andere treiben nur in den feuchteren Wintermonaten aus und ziehen ihre oberirdischen Organe in der trockenen Jahreszeit ein. Im Norden der Insel, der sehr viel regenreicher und kühler ist, konnte eine vergleichbare Flora nur in unmittelbarer Küstennähe gedeihen. Durch den Menschen wurde die natürliche Küstenvegetation an vielen Stellen durch Siedlungen und zunächst Zuckerrohrfelder, später durch Bananenplantagen ersetzt. In Ziergärten wurden tropische Bäume und Sträucher gepflanzt. Diese können ebenso wie Zuckerrohr und Bananen unter den relativ trockenen Bedingungen nur mit Hilfe von Bewässerung überleben. Das dafür benötigte Wasser wird durch Levadas (s. S. 87) aus feuchteren Teilen der Insel herbeigeführt. Der natürliche Buschwald hat nur an wenigen Stellen einigermaßen unverändert überlebt. Dies ist vor allem an schwer zugänglichen Stellen der Fall (z. B. Abhänge des Tals von Ribeira Brava, Küstenabhänge zwischen Funchal und Garajau). Sträuchern und kleineren Pflanzen der Küstenvegetation begegnet man hingegen an vielen Stellen auf Brachland oder an Wegrändern. Sie wachsen dort oft gemeinsam mit vom Menschen eingeschleppten und dann verwilderten Arten. Die gesamt Ostspitze Madeiras, die Halbinsel São Lourenço, steht heute unter Naturschutz. Hier wird versucht die Küstenvegetation durch Zutrittsverbote und Neuanpflanzungen zu regenerieren. Ein beliebter Wanderweg führt durch dieses Gebiet. Ebenfalls unter Schutz stehen die nur mit einer Seilbahn oder über steile Fußwege zugänglichen Küstenlandschaften Ribeira do Tristão (unterhalb Achadas da Cruz) und Rocha do Navio (bei Santana). Der Besuch der Ponta São Lourenço lohnt insbesondere im März/April. In den beiden anderen, an der Nordseite der Insel gelegenen Naturschutzgebieten ist Hauptblütezeit der Mai.

KANARISCHE DATTELPALME
PHOENIX CANARIENSIS

BLÜTEZEIT
Von Januar bis März

MERKMALE
Die bis 20 m hohe Palme ähnelt der Echten Dattelpalme (Phoenix dactylifera), besitzt aber einen kräftigen Stamm und eine dichte Krone. Ihre Wedel können 5-6 m lang werden. Der bräunliche Blütenstand ist unscheinbar. Die orangefarbenen Früchte sind klein (ca. 2 cm) und nur wenig fleischig.

STANDORT:
Auf Madeira gedeiht die Kanarische Dattelpalme im Küstenbereich bis in Höhen von maximal 400 m. Auf der Halbinsel São Lourenço säumt sie die Landstraße nach Caniçal. Wanderer finden sie in der „Oase" am äußersten Ende der Ostspitze. Andernorts steht sie an Promenaden und in Parkanlagen.

WISSENSWERTES:
Die Kanarische Dattelpalme ist ein Endemit der Kanarischen Inseln. Wegen ihres gefälligen Äußeren, ihrer Schnellwüchsigkeit und geringen Kälteempfindlichkeit wurde sie als Zierbaum sowohl nach Madeira als auch in den gesamten Mittelmeerraum gebracht. Ihre Datteln sind für den Menschen ungenießbar, dienten früher aber als Schweinefutter. Auf den Kanaren wird der Pflanzensaft abgezapft und zum so genannten Palmhonig verarbeitet, der in Süßspeisen Verwendung findet. Auf Madeira war dies nie üblich.

DRACHENBAUM
DRACAENA DRACO

BLÜTEZEIT

Alle 10 bis 15 Jahre im August und September.

MERKMALE

Der kräftige Stamm verzweigt sich sehr regelmäßig in bestimmten Abständen. Die jüngsten Zweige tragen an den Spitzen Rosetten von langen, schmalen Blättern. Unscheinbar sind die Blütenstände, leuchtend orange hingegen die giftigen Beerenfrüchte. Die größten Drachenbäume auf Madeira sind ca. 6 m hoch.

STANDORT:

Von Natur aus war der Drachenbaum in den trockenen Küstenzonen recht häufig. Heute ist er dort fast ausgestorben. Nur in einer Felswand östlich von Ribeira Brava wachsen noch zwei wilde Exemplare. Und in São Gonçalo bei Funchal steht eine kleine Kolonie. Man sieht den Baum angepflanzt häufig in Parkanlagen. Auf der Halbinsel São Lourenço oberhalb der Prainha will man ihn wieder ansiedeln.

WISSENSWERTES:

Seit dem 14. Jh. kamen Händler auf die Insel, um das Drachenblut (das Harz) anzuzapfen und daraus einen roten Naturfarbstoff zu gewinnen. Dadurch waren die Bäume schon Ende des 16. Jh. fast ausgestorben. Ähnlich erging es ihnen auf den Kanaren und Kapverden. Legendär waren lange Zeit die angeblich über tausend Jahre alten Drachenbäume auf Teneriffa. Drachenbäume bilden keine Jahresringe aus. Heute weiß man, dass sie höchstens 400 Jahre alt werden.

MADEIRA-ÖLBAUM
OLEA EUROPAEA MADERENSIS

BLÜTEZEIT

Nur im Mai und Juni, Früchte trägt er von November bis Januar

MERKMALE

Der nur bis ca. 3 m hohe Strauch bzw. kleine Baum wirkt deutlich filigraner als die bekannte Kulturolive. Die schmalen, spitzen Blätter sind ledrig und dadurch gut gegen Verdunstung geschützt. An der Oberfläche sind sie graugrün, unten weißlich. Aus den Blüten entwickeln sich ca. 1 cm große schwarze Früchte.

STANDORT:

Der Madeira-Ölbaum gedeiht relativ häufig an steilen, unzugänglichen Hängen im Süden der Insel, wo sich die natürliche Küstenvegetation gut erhalten hat. Er kommt bis maximal 500 m Höhe vor. Zu sehen ist er u. a. an den Hängen des unteren Tales von Ribeira Brava oder an der Küste zwischen Funchal und Caniço. Bei Caniço de Baixo ist eine Landzunge (Ponta da Oliveira) nach ihm benannt.

WISSENSWERTES:

Die Kulturform des Ölbaumes stammt wahrscheinlich aus Persien und dem Kaukasus. Diesen sehr viel mächtigeren Baum mit breiteren, kürzeren Blättern sieht man auf Madeira außerhalb von Parkanlagen nicht. Lediglich in Caniçal säumen einigen Exemplare die Straße zur Praia Ribeira de Natal. Ortsbewohner ernten hier noch vereinzelt Oliven. Sie sind jedoch klein und sehr bitter. Die im Handel angebotenen Oliven stammen vom portugiesischen Festland.

GALLISCHE TAMARISKE, FRANZÖSISCHE TAMARISKE
TAMARIX GALLICA

BLÜTEZEIT
Von Januar bis August

MERKMALE
Der Strauch oder kleine Baum (2-4 m) ist stark verzeigt und schütter begrünt. Die kleinen, graugrünen Blätter schmiegen sich wie Schuppen um die feinen Zweigspitzen. Sie lassen an Nadelgehölze denken, obwohl es sich um eine Blütenpflanze handelt. Die weißen bis rosa Blütenstände erinnern an Weidenkätzchen.

STANDORT:
Meist wächst die Gallische Tamariske in unmittelbarer Küstennähe an felsigen Standorten oder im Mündungsbereich von Flüssen, die den Großteil des Jahres ausgetrocknet sind. Bis zu einem gewissen Grad verträgt sie Salz im Boden. Nie steigt sie in Höhen über 200 m. Recht leicht ist die Pflanze z. B. an der Uferpromenade von Porto Moniz oder auf der Landzunge von Porto da Cruz zu sehen. Auf der Halbinsel Ponta São Lourenço wurde sie in jüngerer Zeit angepflanzt, um der Erosion vorzubeugen.

WISSENSWERTES:
Auf den Kanarischen Inseln und den Kapverden ist die Kanarische Tamariske (Tamarix canariensis) heimisch. Früher wurde sie als Unterart der im Mittelmeerraum verbreiteten Gallischen Tamariske angesehen. Für die Form auf Madeira halten die Botaniker bislang an der Zuordnung Tamarix gallica fest. Erst in historischer Zeit soll die Pflanze als Nutzholz eingeführt worden sein.

Küstenvegetation

Rizinus, Wunderbaum
Ricinus communis

Standort:
Im Küstenbereich ist der Rizinus rund um die Insel verwildert. Maximal steigt er bis 400 m Höhe hinauf. Man findet ihn vorwiegend auf Brachland im Bereich der Ortschaften: auf Bauerwartungsland, aufgegebenen Feldern, an Weg- und Straßenrändern.

Blütezeit
Ganzjährig

Wissenswertes:
Die Pflanze kann aus Samen innerhalb weniger Monate zu voller Größe heranwachsen, daher ist sie auch als „Wunderbaum" bekannt. Schon den alten Ägyptern war der Rizinus bekannt. Heute ist er in fast allen tropischen und subtropischen Ländern verbreitet. Die Früchte enthalten das Castor- oder Rizinusöl. Früher wurde es als Abführmittel und für die Beleuchtung verwendet. Heute dient es als Schmieröl für Flugzeuge und Schiffe, als Bremsflüssigkeit und als Weichmacher bei der Kunststoffherstellung. Im Samen sind Gifte enthalten. Schon drei bis vier Samenkörner können für Kinder tödlich sein!

Merkmale
Charakteristisch für den 1 bis 3 m hohen Strauch sind die handförmigen Blätter mit bis zu neun „Fingern". Zweige und Blattadern sind rötlich gefärbt. An den dicken, kolbenförmigen Blütenständen entwickeln sich oben weibliche und unten männliche, Blüten. Aus den weiblichen bilden sich die stacheligen Früchte.

PRÄCHTIGER NATTERNKOPF
ECHIUM NERVOSUM

BLÜTEZEIT
Von Januar bis April

MERKMALE
Der breite, um 1 m hohe Busch bildet zahlreiche aufrecht wachsende Zweige aus. Sie sind mit etlichen spitzen, blaugrünen Blättern besetzt und tragen an der Spitze attraktive, kerzenförmige Blütenstände. Diese sind oben abgerundet und wirken dadurch gestaucht. Die Blüten sind hellblau bis violett.

STANDORT:
Der Prächtige Natternkopf ist in seinem Vorkommen auf die Küstenzone beschränkt. Im Süden steigt er an trockenen Hängen bis 300 m hinauf, im Norden nur bis ca. 100 m. Er ist recht häufig, z. B. oberhalb der alten Nordwestküstenstraße zwischen Porto Moniz und Seixal oder entlang der Autobahn zwischen Funchal und Flughafen. Wanderer sehen ihn im Naturschutzgebiet Ribeira do Tristão (bei Achadas da Cruz). Auch als Zierpflanze wird er gern an Straßenrändern und auf Verkehrsinseln gesetzt.

WISSENSWERTES:
Im Gegensatz zum Wegerichblättrigen Natternkopf (s. S. 76) ist der Prächtige Natternkopf auf Madeira endemisch. Die Bestäubung erfolgt meist durch Hummeln, die häufig an den Blütenständen zu beobachten sind. Selten werden die Blüten von der endemischen Madeira-Mauereidechse bestäubt. Dieses wenig scheue Tier ernährt sich von Nektar und Obst.

65

WEIDENARTIGE KUGELBLUME
GLOBULARIA SALICINA

BLÜTEZEIT
Von März bis Dezember

MERKMALE
Der bis ca. 1 m hohe Busch besitzt kugeligen Wuchs. Die schmalen, spitzen Blätter erinnern an Weidenblätter und sind quirlförmig um die Zweige angeordnet. Den Gattungsnamen verdankt die Pflanze zahlreichen kugelförmigen, um 1 cm breiten Blütenständen, die zwischen den Blättern an kurzen Stielen sitzen.

STANDORT:
Die Weidenartige Kugelblume gedeiht im Süden bis in rund 400 m Höhe, im Norden nur bis ca. 100 m. Gemeinsam mit der vom Wuchs her ähnlichen Fischfang-Wolfsmilch (s. S. 67) bildet sie überall an steileren, unberührten Hängen ausgedehnte Bestände.

WISSENSWERTES:
Bei der Weidenartigen Kugelblume handelt es sich um eine auf Madeira sowie auf den Kanarischen Inseln endemische Pflanze. Zwei kleinere Arten kommen nur auf Gran Canaria vor. Ansonsten sind die rund 30 Arten der Gattung Globularia im Mittelmeerraum und in den Alpen heimisch. Meist blühen sie im Gegensatz zur Weidenartigen Kugelblume kräftig blau, ihre Blütenköpfe sind größer und ihr Wuchs krautig (wie bei einer „Blume"). Die Blätter aller Arten enthalten das Globularin, ein Harz mit abführender Wirkung. So werden sie in der Volksmedizin als Mittel gegen Verstopfung verwendet.

FISCHFANGWOLFSMILCH
EUPHORBIA PISCATORIA

BLÜTEZEIT
Januar bis August, meist
jedoch April/Mai

MERKMALE
Der Strauch wird etwa 1 m
hoch, maximal kann er bis
2 m erreichen. Die Äste sind
stark verzweigt, die Blüten
unscheinbar gelblich. Die
schmalen blaugrünen Blätter
werden im Frühjahr abge-
worfen. Nach den ersten
starken Regenfällen im Herbst
treiben die jungen Blätter aus.

STANDORT:
Die endemische Fischfang-Wolfsmilch ist
die Charakterpflanze der trockenheitslie-
benden Küstenvegetation Madeiras. An
naturbelassenen Hängen bildet sie oft ein
dichtes Gestrüpp. Im Süden wächst die Art
bis auf 300 m Höhe, im Norden bis auf 100 m .

WISSENSWERTES:
Alle Pflanzenteile enthalten einen giftigen
Milchsaft. Diesen machten sich die Bewohner
der Küste früher zum Fischfang zu Nutze,
worauf sich der botanische Name bezieht.
Besonders im Norden der Insel war die See
oft zu rau um mit kleinen Booten hinaus-
zufahren. Die Fischer warteten bis die Flut
Fischschwärme in die Gezeitentümpel getrieben hatte. Bei Ebbe kippten sie den Milchsaft
in die Tümpel, um die Fische zu betäuben
und sie dann einzusammeln. Wahrscheinlich
brachten Sklaven von den Kanarischen Inseln
diese Fangmethode im 15. Jh. nach Madeira.

FEIGENKAKTUS
OPUNTIA FICUS-INDICA

BLÜTEZEIT
Von Juni bis September

MERKMALE
Der stachelige Strauch wird bis 1,5 m hoch. Seine Stängel setzen sich aus grünen, fleischigen, flachen Gliedern zusammen, die verkehrt eiförmig sind. Sie ersetzen die stark zurückgebildeten Blätter. Die Blüten sind leuchtend orange. Aus ihnen entwickeln sich sehr stachelige, 5-10 cm langen Früchte.

STANDORT:
An den Küstenhängen des Südens wächst der Tuna-Feigenkaktus bis maximal 400 m sehr häufig. Die größten Bestände findet man zwischen Funchal und Caniço sowie bei Ribeira Brava.

WISSENSWERTES:
Schon im 16. Jh. wurde der ursprünglich in Mexiko heimische Feigenkaktus wegen seiner essbaren Früchte auf Madeira eingeführt. Bis heute werden die im September reifen Früchte regelmäßig geerntet und von Obsthändlern in den Straßen von Funchal angeboten. Die zuständigen Gemeinden überwachen die Ernte, indem sie Lizenzen vergeben und pro Korb Steuern erheben. An manchen Pflanzen sieht man einen weißen, filzigen Belag. Dabei handelt es sich um Koschenille-Läuse. Vor der Einführung künstlicher Farben lieferten sie einen wertvollen roten Naturfarbstoff. Versuche diesen im 19. Jh. auf Madeira für den Export zu produzieren scheiterten allerdings.

WILDE ARTISCHOCKE, STACHELIGE CARDONE
CYNARA CARDUNCULUS

BLÜTEZEIT
Juli bis Oktober, zum Teil auch bis März

MERKMALE
Die langen, stacheligen Blätter bilden eine dichte Rosette. Aus einem bis zu 45 cm hohen Stängel wachsen Korbblüten, die aus einigen violetten Röhrenblüten zusammengesetzt sind. Es fehlt der verbreiterte Blütenboden, den man bei kultivierten Artischocken findet.

STANDORT:
Die Wilde Artischocke wächst nur an trockenen, sonnigen Küstenstandorten. Hauptsächlich zwischen 50 und 100 m über dem Meer auf tiefgründigen, nährstoffreichen Böden. Auf der Halbinsel São Lourenço ist sie häufig, weil dort früher Weidewirtschaft betrieben wurde und die stachelige Pflanze vom Vieh verschmäht wird.

WISSENSWERTES:
Die Wilde Artischocke ist noch auf den Kanaren und am Mittelmeer heimisch. Möglicherweise handelt es sich um die Stammform der kultivierten Artischocke (Cynara scolymus), die im alten Ägypten gezüchtet wurde und nicht wild vorkommt. Von der wilden Form werden am Mittelmeer die gebleichten Blattstängel gegessen. Die Blätter werden nach der Blüte gebündelt und mit Stroh bedeckt. Drei Wochen später kann man ernten. Auf Madeira ist das nicht üblich, da die Form besonders stachelig ist.

69

DRÜSIGE WOLLDISTEL,
GOLDLACKBLÄTTRIGE WOLLDISTEL
ANDRYALA GLANDULOSA

BLÜTEZEIT
Von April bis August

MERKMALE
Der Korbblütler wird etwa 30 cm hoch und hat Blütenstände mit mehreren goldgelben Blüte, die denen des Löwenzahns ähneln. Seine weißlichen, am Rand leicht nach oben gerollten Blätter sind zu Rosetten angeordnet. Blätter wie Stängel sind extrem klebrig.

STANDORT:
Küstenfelsen bis 200 m Höhe werden von der Drüsigen Wolldistel bevorzugt. Wanderer finden sie z. B. auf der Halbinsel Ponta São Lourenço. Eine oft schwer zu unterscheidende Art ist die Variable Wolldistel (Andryala varia). Sie kommt von mittleren Höhen bis ins Gebirge vor. Wie der Name schon sagt, hat sie unterschiedlichste Formen. Ihre bis 20 cm langen Blätter sind weniger klebrig. Die Pflanze kann bis 0,5 m hoch werden. Manche Botaniker halten sie für eine Unterart der Drüsigen Wolldistel.

WISSENSWERTES:
Die Gattung Andryala ist sehr variantenreich. Zwar wurden von Botanikern auf den Atlantikinseln verschiedene endemische Arten und Unterarten beschrieben, doch sind die Übergänge oft fließend. Die klebrigen Ausscheidungen von vielen feinen Drüsenhaaren dienen als Insektenfalle, als Schutz vor Schädlingen.

DOLDIGER SPARGEL
ASPARAGUS UMBELLATUS

BLÜTEZEIT

Die Blütezeit ist relativ kurz, nur etwa von November bis Januar

MERKMALE

Die Kletterpflanze kann bis zu 5 m lange Stämme entwickeln. Ihre Blätter sind zu unscheinbaren Schuppen verkümmert. Stattdessen sitzen grüne, nadelartige Kurztriebe, zu Büscheln vereint an den Zweigen. Die in Dolden angeordneten Blüten sind weiß, die Beerenfrüchte gelblich.

STANDORT:

Der Doldige Spargel lebt von Natur aus an den Felshängen der Nordküste, wo er sich um Bäume schlingt. Er ist recht selten und der Besucher wird ihn am ehesten im Botanischen Garten oder in einem Park zu sehen bekommen.

WISSENSWERTES:

Die Art ist außerdem auf allen Kanarische Inseln (außer Lanzarote) vertreten. Eine weitere auf Madeira, Kanaren und den Kapverden endemische Art ist der Besenspargel (Asparagus scoparius). Dieser ist allerdings keine Kletterpflanze und bevorzugt trockene Standorte an der Küste. Die jungen Sprossen der auf Madeira vertretenen Wildspargelarten werden nicht gegessen. Es wird auch kein Gemüsespargel auf der Insel angebaut. Erst seit wenigen Jahren findet man in den Supermärkten aus Europa importierten Spargel.

Wilder Fenchel
Foeniculum vulgare

Blütezeit
Von Juli bis September

Merkmale
Die 50 bis 100 cm hohe Pflanze hat fein gefiederte, aromatisch riechende Blätter. Zur Blütezeit treiben mehrere lange, fast kahle Stängel mit tellerförmigen Doldenblüten aus. Die recht unscheinbaren Einzelblüten sind gelblich. Die gesamte Pflanze erinnert an den bekannten Dill.

Standort:
Der Wilde Fenchel gedeiht bis in etwa 400 m Höhe, oft auf Brachland: am Kap Garajau, am Miradouro do Pico (bei Ribeira Brava), beim Leuchtturm von Ponta do Pargo, an der Landspitze vor Porto da Cruz u. a. Aber auch an feuchteren Standorten wie an der Levada do Central, oberhalb von Porto Moniz, ist er zu finden.

Wissenswertes:
Fenchel heißt auf Portugiesisch funcho. Die ersten Siedler sollen im 15. Jh. in der Bucht von Funchal viel Wilden Fenchel vorgefunden haben. Dieser Tatsache verdankt die Stadt ihren Namen. Frei übersetzt bedeutet er etwa „Fenchelwiese". Das ätherische Öl der Pflanze verwendeten die Madeirenser traditionell für die Herstellung von Hustenbonbons. Diese schmecken recht bitter. Die heute im Souvenirhandel erhältlichen orangefarbenen „Fenchelbonbons" werden mit dem süßeren Anis aromatisiert.

FÄRBERWAID
ISATIS TINCTORIA

BLÜTEZEIT
Von März bis Mai

MERKMALE
Die Pflanze gehört zu den Kreuzblütlern und erinnert an unseren, mit ihr verwandten Raps. Sie wird einschließlich Blütenstand 30 bis 70 cm hoch. Die kleinen gelben Blüten stehen in zahlreichen dichten Trauben. Ihre bläulich-grünen Blätter umfassen den Stängel pfeilförmig.

STANDORT:
Man findet den wärmeliebenden Färberwaid im Küstenbereich bis zu 200 m Höhe, speziell auf der Halbinsel São Lourenço. Aber auch im westlichen Stadtgebiet von Funchal, unterhalb des Cabo Girão, bei Fajã dos Padres und bei Ribeira Brava.

WISSENSWERTES:
Die ursprüngliche Heimat des Färberwaids ist Südosteuropa und Westasien. Er enthält den giftigen Naturfarbstoff Indigoblau, weshalb er seit rund 2000 Jahren bis ins 19. Jh. überall in Europa angebaut wurde. Man gewinnt die Farbe aus dem kleingeschnittenen und dann vergorenen Kraut. Im 15. Jh. brachten die Portugiesen den Färberwaid nach Madeira zur Farbstoffgewinnung. Bis ins 16. Jh. erfolgte Export nach Italien und Flandern. Mit Einführung des echten, ergiebigeren Indigos aus Indien verlor die Pflanze im 17. Jh. an Bedeutung. Sie verwilderte und ist heute weit verbreitet.

KLATSCHMOHN
PAPAVER RHOEAS

BLÜTEZEIT
Von März bis Mai

MERKMALE
Es handelt sich um die in Mitteleuropa bekannt Art. Allerdings erreicht die Pflanze auf den trockenen Standorten, die sie auf Madeira besiedelt, nur eine Höhe von ca. 20 cm. Die großen roten Blüten besitzen vier Blütenblätter und stehen einzeln an dünnen Stängeln. Die Pflanze enthält einen giftigen Milchsaft.

STANDORT:
Der Klatschmohn besiedelt naturnahe Standorte in Küstennähe, z. B. auf der Halbinsel São Lourenço oder im Naturschutzgebiet Ribeira do Tristão bei Achadas da Cruz. Meist sind nur einzelne Pflanzen zu finden, die durch ihre kräftigen Farben allerdings deutlich ins Auge schießen.

WISSENSWERTES:
Auf Madeira kommen noch weitere Mohngewächse vor. Der auffälligste darunter ist der Borstige Mohn (Papaver setigerum). Er wächst an den gleichen Standorten, ist aber durch sein blassrosa Blütenfarbe leicht zu unterscheiden. Der Borstige Mohn, der wahrscheinlich erst vom Menschen nach Madeira gebracht wurde, gilt als Stammform des Schlafmohns (Papaver somniferum). Der ist nur als Kulturpflanze bekannt, aus ihm wurde im Altertum Opium gewonnen. In manchen asiatischen Ländern ist das immer noch der Fall.

MEERES-LEIMKRAUT
SILENE UNIFLORA

BLÜTEZEIT
Von März bis Mai

MERKMALE
Das bis 25 cm hohe Nelkengewächs mit schmale, spitzen Blättern ist am Grund etwas verholzt. Es treibt zahlreiche dünne, aufrechte Blütenstängel, an deren Spitze weiße Blüten sitzen. Die fünf Blütenblätter sind in der unteren Hälfte zusammengewachsen, daher entsteht eine Art Kelch.

STANDORT:
Das Meeres-Leimkraut ist eine reine Küstenpflanze. Sie wächst fast immer auf felsigen oder steinigen Böden. Haben sich auf besseren Böden bereits andere Pflanzen angesiedelt, ist sie kaum vertreten. Die Fundorte liegen meist unter 50 m, maximal ist das Leimkaut bis 150 m Höhe anzutreffen. Häufig ist es auf der Ponta São Lourenço zu finden.

WISSENSWERTES:
Einige Leimkräuter, allerdings nicht das Meeres-Leimkraut, sind in ihren oberen Teilen klebrig. An diesem „Leim" bleiben Schädlinge hängen. Die Blütenkelche werden häufig mit dem Kropf einer Taube verglichen. Die ähnliche, in Mitteleuropa verbreitete Art Silene vulgaris trägt den Namen Taubenkropf-Leimkraut. Nur langrüsselige Insekten (z. B. Schmetterlinge) können den Nektar erreichen. Auf Madeira sind sechs Arten heimisch. Es fehlen genauere Untersuchungen.

WEGERICHBLÄTTRIGER NATTERNKOPF
ECHIUM PLANTAGINEUM

BLÜTEZEIT
Von März bis Oktober

MERKMALE
Die stark behaarte Pflanze treibt einen bis zu 60 cm hohen Blütenstängel. An ihm sitzen an kurzen Stielen bis 3 cm lange Blüten. Sie sind zunächst leuchtend blau, färben sich später purpurrot. Die Blattrosette am Grund erinnert an den bekannten Spitzwegerich. Die Blätter sind länglich-eiförmig.

STANDORT:
Der Wegerichblättrige Natternkopf wächst oft an Wegrändern und auf Ödland. Gehäuft tritt er in der Küstenregion auf, vor allem im Süden der Insel. Z. B. in den Hotelvierteln von Funchal und Caniço oder auf der Halbinsel São Lourenço. Man findet ihn aber auch im Bergland u. a. an der Boca da Corrida, wo er an manchen Stellen regelrechte Wiesen bildet.

WISSENSWERTES:
Der Gattungsname bezieht sich auf die Blütenform. Die herausstehenden Griffel sollen an eine Schlangenzunge erinnern. Der Wegerichblättrige Natternkopf ist auch im Mittelmeergebiet heimisch. Dort gibt es über 30 krautige Echium-Arten. Als einziger dieser Arten ist es ihm gelungen die Kanaren und Madeira zu besiedeln, wo es außerdem noch einige strauchige Arten gibt (s. S. 65 u. S. 159). In Mitteleuropa kommt nur der Blaue Natternkopf vor. Er ist dem Wegerichblättrigen ähnlich.

MADEIRA-LEVKOJE
MATTHIOLA MADERENSIS

BLÜTEZEIT
Von März bis August

MERKMALE
Die dicht behaarten Blätter bilden eine Rosette. Dieser entwachsen ca. 50 cm lange Blütenstängel, an deren Spitzen mehrere kräftig violett (selten auch weiß) gefärbte Blüten sitzen. Sie duften vor allem nachts süßlich. Wie bei allem Kreuzblütlern stehen sich die vier Blütenblätter in Kreuzform gegenüber.

STANDORT:
Die Madeira-Levkoje ist meist in Küstennähe bis etwa 100 m Höhe zu finden, vereinzelt auch an Felsen in weit größeren Höhen. Häufig sieht man sie auf der Halbinsel São Lourenço sowie in den Steilwänden der Nordwestküste zwischen São Vicente und Porto Moniz. Der ähnliche Zweifarbige Schöterich (s. S. 139) kommt vorwiegend im Lorbeerwald, aber auch bis zur Küste hinunter vor.

WISSENSWERTES:
Die Madeira-Levkoje ist endemisch, aber mit den bei uns als Zier- und Schnittblumen beliebten Levkojen aus dem Mittelmeerraum verwandt. Sie wächst häufig in Felsspalten, wo der Boden aus lockerem vulkanischen Tuff gebildet wird. Da dieser der Erosion kaum Widerstand entgegensetzt, wird er von ausdauernden Pflanzen gemieden. Für die zweijährige Madeira-Levkoje stellt das kein Problem dar, da sie immer wieder neue Standorte besiedeln kann.

77

FLEISCHIGE KANARENMARGERITE
ARGYRANTHEMUM PINNATIFIDUM
SUCCULENTUM

BLÜTEZEIT
Nur von März bis April

MERKMALE

Der strauchige, verholzte Korbblütler wird ca. 20-50 cm, hoch. Er erinnert von der Blüte her an unsere Margeriten. In der Mitte des Körbchens sitzen zahlreiche winzige, gelbe Blüten. Außen werden sie von einen Kranz länglicher, weißer Zungenblüten gesäumt. Die etwa 5 cm langen und 2 cm breiten Blätter sind sukkulent.

STANDORT:
Die Fleischige Kanarenmargerite ist dem Gattungsnamen zu Trotz ein Madeira-Endemit. Sie besiedelt die felsigen, trockenen Küstengebiete bis zu einer Höhe vom 100 m. Recht häufig ist sie auf der Halbinsel São Lourenço zu finden, ebenso in den Steilwänden der Nordwestküste zwischen São Vicente und Porto Moniz.

WISSENSWERTES:
Früher stellte man die Argyranthemun-Arten zur Gattung Chrysanthemum (Wucherblume), die im Mittelmeergebiet weit verbreitet ist. Heute bilden die Kanarenmargeriten eine eigene, auf die Atlantikinseln beschränkte Gattung. Sie zeichnen sich durch ihren strauchigen, oft kugelbuschförmigen Wuchs aus. Von den 24 Arten leben 20 auf den Kanarischen Inseln, drei auf Madeira und eine auf den Selvagens. Einige der kanarischen Arten sind in Mitteleuropa als Zierpflanze beliebt, da sie lange Blüten treiben.

MEERGRÜNER HORNKLEE
LOTUS GLAUCUS

BLÜTEZEIT
Von März bis Juni

Der Meergrüne Hornklee ist eine niedrige (10-30 cm), am Grund verholzte und stark in die Breite wachsende Pflanze. Seine blaugrünen Blätter sind nur wenige Millimeter lang, behaart und leicht fleischig. Seine Blüten sind orangegelb und typisch für Schmetterlingsblütler mit Schiffchen, Fahne und Flügeln.

STANDORT:
Der Meergrüne Hornklee besiedelt vorwiegend felsige Standorte in Küstennähe, bis etwa 100 m Höhe. In dieser Zone ist er eine Charakterpflanze, wenn auch nicht besonders häufig. Wanderer treffen auf die Pflanze an der Ponta São Lourenço.

WISSENSWERTES:
Außer auf Madeira kommt der Meergrüne Hornklee auf allen Kanarischen Inseln vor. Hier wie dort ist er der häufigste Vertreter der Gattung Lotus, auch wenn es noch mehrere weitere Arten gibt. Diese sind zum Teil endemisch, andere haben ein weiteres Verbreitungsgebiet. Der Gattungsname Hornklee bezieht sich auf die gekrümmt, wie ein Horn wachsenden Früchte. Der botanische Name Lotus könnte zu einer Verwechslung mit den Lotosblumen des alten Ägyptens und Indiens führen, die als kosmische Symbole der Götter Bedeutung hatten. Dabei handelt es sich allerdings um Seerosen.

ERBSEN-JOCHBLATT, DESFONTAINES JOCHBLATT
ZYGOPHYLLUM FONTANESII

BLÜTEZEIT
Von Januar bis April

MERKMALE
Der bis um 0,5 m hohe Strauch besitzt fleischige, sukkulente (Wasser speichernde) Zweige. Die Blätter, mit denen die Zweige über und über besetzt sind, haben sich zu erbsen- bis eiförmigen Knoten verdickt. Sie sind graugrün. Bei anhaltender Trockenheit werden sie gelblich. Die weißen bis rosa Blüten sind unscheinbar.

STANDORT:
Das Erbsen-Jochblatt wächst an trockenen, felsigen Stellen in Küstennähe. Es verträgt viel Salz, das mit der Gischt vom Meer heraufgeweht wird. Daher kann es unter extremen Bedingungen gedeihen, denen nur wenige Pflanzen gewachsen sind. Standorte außer der Halbinsel São Lourenço sind nicht bekannt.

WISSENSWERTES:
In der Literatur wurde das Erbsen-Jochblatt für Madeira bisher noch nicht beschrieben. Offenbar blieb es bislang unbemerkt. Auf den Kanaren und in Marokko ist es weit verbreitet. Die Samenkapseln können auf Salzwasser schwimmend überleben und, an eine Küste getrieben, dort keimen. Die meisten Vertreter der Jochblattgewächse sind in den Randtropen beheimatet. Nur wenigen und daher interessanteren Arten gelang es den Mittelatlantik und den Mittelmeerraum zu erreichen.

EISKRAUT, KRISTALL-MITTAGSBLUME
MESEMBRYANTHEMUM CRYSTALLINUM

BLÜTEZEIT
Von April bis Juli

MERKMALE
Die Pflanze wird nur 10-20 cm hoch. Die weiß bis rosa gefärbten Blüten haben zahlreiche sehr dünne Kronblätter. Im Zentrum ist die Blüte gelblich. Die kurzen, fleischigen Blätter sehen aus wie mit Eiskristallen überzogen. Es handelt sich dabei um Speicherwarzen, aus denen eine wässrige Flüssigkeit austritt.

STANDORT:
Das Eiskraut kommt maximal bis in eine Höhe von 200 m vor. Die Standorte sind trocken und sandig bis felsig. Vor allem auf der Halbinsel São Lourenço ist es häufig. Die Pflanze verträgt einen hohen Salzgehalt in der Luft und im Boden. Daher kann sie am unmittelbaren Küstensaum gedeihen. Manchmal wächst sie zusammen mit der verwandten Knotenblütigen Mittagsblume (Mesembryanthemum nodiflorum), mit wurstförmigen Blättern.

WISSENSWERTES:
Am Mittelmeer und auf den Kanarischen Inseln, vor allem auf Lanzarote und Fuerteventura, ist die Kristall-Mittagsblume ebenfalls heimisch. Vielerorts wurde sie früher als Nutzpflanze angebaut. Die Pflanze wurde in Öfen verbrannt, aus der Asche konnte dann Soda (Natriumcarbonat) gewonnen werden. Früher war es für die Seifenproduktion unersetzlich. Ende des 19. Jh. konnte Soda technisch hergestellt werden.

KÜSTENVEGETATION

SCHWANENHALSAGAVE, STACHELLOSE AGAVE
AGAVE ATTENUATA

BLÜTEZEIT
Von Dezember bis Februar

MERKMALE
Die großen, fleischigen Blätter sind an den Enden spitz, aber ohne Stachel und weicher als bei anderen Agaven. Sie bilden eine imposante Rosette von bis zu 1 m Durchmesser. Aus ihr entwickelt sich ein bis 3 m hoher, unverzweigter, wie ein Schwanenhals gebogener Blütenschaft. Die zahlreichen Einzelblüten sind graugelblich.

STANDORT:
Häufig wird die Schwanenhalsagave an Straßenrändern oder auf Böschungen zur Zierde gepflanzt. Zuweilen sieht man sie auch verwildert auf Brachland. Sie gedeiht von der Küste bis in Höhen um 500 m, vor allem auf der trockeneren Südseite. Eine große Kolonie steht auf der Böschung zwischen der Landebahn des Flughafens und der angrenzenden Autobahn.

WISSENSWERTES:
Ursprünglich stammt die Schwanenhalsagave aus Mexiko, dem Entwicklungszentrum aller Agavenarten. Agaven werden acht bis zehn Jahre alt, bevor sie erstmals und einmalig blühen. Danach sterben sie ab. Dass Agaven erst in ihrem 100. Lebensjahr blühen ist allerdings ein Märchen. Schon im 16. Jh. wurde als Zierpflanze neben der Schwanenhalsagave noch die Amerikanische Agave (Agave americana) in den trockenen, warmen Zonen Europas eingebürgert. Letztere neigt stärker zum Verwildern.

82

ECHTE ALOE, ALOE VERA
ALOE BARBADENSIS

STANDORT:
In den trockenen Küstenzonen vor allem im Inselsüden, bis in 300 m Höhe, ist die Aloe vera häufig auf Brachland verwildert. Zuweilen wächst sie auch in Gärten und an Straßenrändern.

WISSENSWERTES:
Die Aloe vera ist ursprünglich im südlichen Mittelmeerraum beheimatet, wurde aber schon vor Jahrhunderten auf Madeira eingeführt. Volksheilkundler setzten ihren bitteren Saft seit jeher gegen Fieber, Krämpfe und Unpässlichkeiten des Immunsystems ein. Das aus dem Fruchtfleisch gewonnene Gel half bei der Wundheilung, gegen Sonnenbrand und Insektenstiche. Es heißt, in der Aloe vera sei eine ganze Apotheke enthalten. Heute werden die positiven Eigenschaften der Pflanze neu entdeckt. Seit einigen Jahren ist Aloe vera in vielen Naturheilmittel, Kosmetika und Lebensmitteln enthalten. Eine kleine Fabrik in Caniçal stellt Produkte aus Aloe vera her.

BLÜTEZEIT
Von Dezember bis Juni

MERKMALE
Die langen, fleischigen Blätter der Aloe vera sitzen in einer grundständigen Rosette. Sie sind um 30 cm lang, verjüngen sich zu den Spitzen hin deutlich und sind am Rand gezähnt. Der ca. 80 cm hohe Blütenschaft verzweigt sich ein- bis zweimal und trägt lange Blütenstände mit gelben, röhrenförmigen Einzelblüten.

MADEIRA-BLAUSTERN, SCILLA
SCILLA MADERENSIS

BLÜTEZEIT
Nur im November und
Dezember

MERKMALE
Das ca. 20-35 cm, im Extrem-
fall bis 50 cm hohe Liliengewächs verliert im Sommer
die breiten, nicht allzu langen
Blätter. Die blauen, sternförmigen Blüten sind recht klein
(10-12 mm Durchmesser),
dafür aber zahlreich (bis zu
100) an langen, aufrechten,
kegelförmigen Blütentrauben
angeordnet. Sie riechen nicht.

STANDORT:
Der Madeira-Blaustern wächst in Höhenlagen
bis 500 m auf steinigen oder felsigen, ansonsten fast unbewachsenen Standorten in Küstennähe, etwa auf der Fajã unterhalb von Achada
da Cruz. Manchmal ist er auch an Steilhängen
mittlerer Höhe (bis 1000 m) zu finden. Die
wenigen Standorte der äußerst seltenen Pflanze sind in der Regel so gut wie unzugänglich.
Daher wird sie der interessierte Laie wohl nur
im Botanischen Garten von Funchal zu Gesicht
bekommen, wo sie recht zahlreich angepflanzt
ist. Auch in anderen Gärten wird sie kultiviert.

WISSENSWERTES:
Die attraktive Pflanze ist auf Madeira, Porto
Santo und den Desertas endemisch. Außerdem
wächst sie auf den Selvagens. Diese Inseln gehören verwaltungsmäßig zu Madeira, liegen
aber weit südwärts in der Nähe der Kanaren.
Sie stehen unter strengem Schutz und dürfen
nur mit Sondergenehmigung betreten werden.

WANDFLECHTE
XANTHORIA PARIETINA

BLÜTEZEIT
keine

MERKMALE
Bei der orangen Wandflechte handelt es sich um eine Krustenflechte. Das heißt sie bildet einen breiten, blattförmigen Thallus (Vegetationskörper). Dieser ist rundlich, an den Rändern gelappt und misst ca. 5 bis 10 cm Durchmesser. Er ist mit dem Fels fest verbunden. Die Apothezien (Fruchtbehälter) befinden sich in der Mitte.

STANDORT:
Auf Madeira wächst die Wandflechte vor allem auf Felsen in Küstennähe, wo die Vegetation ansonsten spärlich ist. Besonders oft wird man ihr auf der Halbinsel São Lourenço begegnen. Sie ist, was Klimabedingungen betrifft, sehr flexibel. Daher kann sie grundsätzlich überall auf der Insel an geeigneten Standorten gedeihen.

WISSENSWERTES:
Flechten können auf nackten Fels überleben und daher auf Gestein als erste Pflanzen Fuß fassen. Auf Madeira gibt es solche Bedingungen an den Steilküsten, die ständig Erosionskräften ausgesetzt sind. Flechten tragen zur Zersetzung des Gesteins und damit zur Bodenbildung bei. Die Wandflechte ist ein Kosmopolit. Auch in Mitteleuropa gedeiht sie, hier vorwiegend auf Bäumen. Auf Madeira kommt sie oft gemeinsam mit der grauen, ebenfalls krustigen Vulkanflechte (Stereocaulon vesuvianum) vor, der weltweit wichtigsten Pionierpflanze überhaupt.

Entlang der Levadas

Die mittleren Höhenlagen zwischen ca. 300 und 800 m werden im Süden der Insel besonders intensiv durch den Menschen genutzt. Das Gleiche ist im Norden - allerdings in weitaus geringerem Ausmaß - in Höhen zwischen 100 und 600 m der Fall. Diese Zone liegt noch unterhalb des Wolkengürtels, der sich weiter oben häufig als dichter Nebel über die Berge legt. Andererseits sind die Niederschläge ausreichend, um ohne Bewässerung Wein, Getreide, Kartoffeln und Gemüse gedeihen zu lassen. So haben schon die ersten Siedler dieses Gebiet terrassiert und kultiviert. Dieser Prozess setzte sich bis in die jüngste Vergangenheit fort. Der früher heimische Wald aus Gagelbäumen und Besenheide wurde dabei auf den Bergrücken und Hängen weitgehend vernichtet. Bis heute werden diese Höhenlagen intensiv landwirtschaftlich genutzt, wenn auch in letzter Zeit immer mehr schwer zugängliche oder allzu kleine Terrassenfelder brach liegen. Bewässerungskanäle (Levadas), die ihren Ursprung an der regenreichen Nordseite Madeiras haben, durchqueren diese Zone oft ohne nennenswertes Gefälle über viele Kilometer hinweg, bevor ihr Wasser zu den Plantagen der Küstenregion geleitet wird.

An den Levadas schlängeln sich Wirtschaftswege entlang, die vielerorts zu beliebten Wanderstrecken wurden. Der Urlauber lernt die Vegetation der mittleren Höhenlagen also meist auf Levadawanderungen kennen. Nur wenige der hier - neben den Kulturpflanzen (s. S. 9) - wild wachsenden Arten sind ursprünglich auf Madeira heimisch und standen wohl früher im kargen Unterwuchs des relativ trockenen Heidewaldes. Ackerterrassen, Feldwege und Levadas werden heute großenteils von zufällig mit Saatgut eingeschleppten „Unkräutern" oder von verwilderten Gartenpflanzen gesäumt. Daraus ergibt sich ein buntes Sammelsurium von durchaus interessanten Arten.

Häufig von Wanderern begangene Levadawege werden von der zuständigen Wasserbehörde systematisch mit Zierblumen wie Agapanthus oder Hortensien bepflanzt. Sie dienen auch als Wegbefestigung. In höheren Lagen, wo wegen der Nebelhäufigkeit kein Ackerbau mehr möglich ist, stehen oft „exotische" Bäume wie Eukalyptus, Kiefern oder Akazien an den Levadas. Sie bilden im Süden ausgedehnte Wälder bis in die Gebirgsregion hinein. Ein ganz besonderes Bild bietet sich in den engen, feuchten Schluchten. Sie blieben von der Urbarmachung durch den Menschen verschont, da durch sie nach winterlichen Regenfällen oft reißende Wassermassen stürzen. Sie sind häufig Refugien eines natürlichen Vegetationstyps, bei dem es sich um eine wärmeliebende Variante des Lorbeerwaldes handelt (s. S. 117).

EUKALYPTUS, BLAUGUMMIBAUM
EUCALYPTUS GLOBULUS

STANDORT:

Am Südhang der Insel erstreckt sich zwischen Santo da Serra und Ponta do Pargo in Höhenlagen zwischen 500 und 1000 m ein regelrechter Eukalyptus-Gürtel. Im Norden Madeiras sind die Eukalyptusforste nicht so ausgedehnt, aber oberhalb der größeren Siedlungen durchaus zu finden.

WISSENSWERTES:

Mit dem aus Australien stammenden Eukalyptusbaum wurden in den 1930er Jahren auf Madeira in großem Stil Flächen aufgeforstet, die zuvor als Weideland dienten. Die Bodenerosion sollte eingedämmt werden. Der hohe Wasserverbrauch beim Wachstum stellt auf Madeira kein Problem dar. Das weiche Holz wird per Schiff zum Festland exportiert, wo es in der Papierindustrie Verwendung findet. Die Blätter enthalten bis zu 3,5 % ätherische Öle, mit denen die überall auf Madeira erhältlichen grünen Bonbons parfümiert sind.

BLÜTEZEIT
Von Oktober bis März

MERKMALE
Der Baum wird bis 30 m hoch. Von seinem Stamm platzt die Rinde oft in Streifen ab. Bei Jungpflanzen sind die Blätter breit, bläulich und ohne Stiel. Ältere Bäume haben schmale, sichelförmige Blätter mit Stiel. Die Blüte besteht nur aus vielen dünnen, gelblichen Staubblättern. Die harten Samenkapseln erinnern an Knöpfe.

MEARNS-AKAZIE, MIMOSENBLÄTTRIGE AKAZIE
ACACIA MEARNSII

BLÜTEZEIT
Ganzjährig, aber vorwiegend im März und April

MERKMALE
Die zweifach gefiederten Blätter des bis ca. 10 m hohen, immergrünen Baumes erinnern an die der verwandten Mimose. Jedoch sind sie viel härter und klappen bei Berührung nicht ein. Die blassgelben, kugeligen Blütenstände bestehen aus zahlreichen winzigen, duftenden Einzelblüten.

STANDORT:
Vor allem auf der Südseite in Höhen zwischen 300 und 1200 m findet man die Mearns-Akazie häufig. Autofahrer sehen sie vor allem an der Straße von Monte nach Terreiro da Luta. Wanderer begegnen ihr an vielen Levadas in mittleren Höhen. Eine regelrechte „Akazienlevada" ist die Levada do Caniçal bei Machico.

WISSENSWERTES:
Fälschlich wird die Mearns-Akazie oft als Mimose bezeichnet. Die Mimose oder Sinnpflanze (Mimosa pudica) ist jedoch ein zarter Strauch und stammt aus Brasilien, während die Mearns-Akazie in Australien beheimatet ist. Private Waldbesitzer auf Madeira forsteten früher gern mit der schnellwüchsigen und anspruchslosen Mearns-Akazie auf. Ihr weiches Holz besitzt kaum wirtschaftlichen Wert, doch wurde es bis vor wenigen Jahren in vielen Haushalten als Brennmaterial verwendet. Heute werden Backöfen und Herde mit Gas befeuert.

89

SCHWARZHOLZ-AKAZIE
ACACIA MELANOXYLON

BLÜTEZEIT
Von Januar bis April

MERKMALE
Die bis 8 m hohe Schwarz-
holz-Akazie erinnert von der
Wuchsform an einen Birn-
baum. Jedoch hat sie längliche, dunkelgrüne, ledrige
Blätter. Nur die ganz jungen
Blätter sind fein gefiedert,
ähnlich wie bei der Mearns-
Akazie (s. S. 89). Die blassgelben Kugelblüten erscheinen
in großer Zahl an Rispen.

STANDORT:
In Höhenlagen zwischen 300 und 1000
m findet man die Schwarzholz-Akazie an
feuchten Standorten, an denen von Natur
aus Lorbeerwald gedeihen würde. Meist
wächst sie nicht allzu weit von Siedlungen
entfernt. Im Norden der Insel ist sie häufiger. Z. B. an der Levada do Caldeirão Verde
zwischen Queimadas und Pico das Pedras.

WISSENSWERTES:
Da ihre Blätter nicht gefiedert sind, wird die
Schwarzholz-Akazie im Gegensatz zur Mearns-
Akazie nicht mit der Mimose verwechselt. Beide
wurden aus Australien eingeführt und liefern
gutes Möbelholz. Außerdem sollen sie der Ero-
sion Einhalt gebieten. Bei den ungeteilten Blät-
tern handelt es sich um verbreiterte Blattstiele
(Phyllodien). Sie ersetzen bei der erwachsenen
Pflanze die Blätter. So wird der Verlust von
Wasser durch Verdunstung reduziert. Bei den
gefiederten Jungblättern ist er weitaus größer.

KRAUSBLÄTTRIGER KLEBSAME
PITTOSPORUM UNDULATUM

BLÜTEZEIT
Von Januar bis März. Früchte trägt der Baum ab Spätsommer.

MERKMALE
Den bis 8 m hohen Baum ist leicht mit den einheimischen Lorbeerarten zu verwechseln. Wuchs und Blattwerk sind ähnlich. Die bis 10 cm langen Blätter sind am Rand auffällig gewellt. Er blüht weiß bis gelb. Die Samen in den orangeroten Früchten sind in klebrige Flüssigkeit eingebettet.

STANDORT:
Bis in 700 m Höhe findet man den Baum am Rand der Akazien- und Eukalyptuswälder. Recht häufig ist er z. B. an der Levada da Serra bei Camacha oder an der Levada dos Tornos östlich von Monte. Aber auch in Parks ist er vertreten.

WISSENSWERTES:
Der Baum stammt ursprünglich aus Südost-Australien. Nach Madeira wurde er schon vor recht langer Zeit gebracht. Er dient als Zier- und Heckenpflanze zum Schutz von Obstplantagen gegen Wind. Auf den Azoren neigt er sehr zum Verwildern und verdrängt dort einheimische Baumarten. Auf Madeira scheint das noch kein Problem zu sein. Allerdings besteht die Gefahr, dass er sich mit dem seltenen, endemischen Madeira-Klebsame (Pittosporum coriaceum) kreuzt und diese Art somit verfälscht. Letzterem wird man nur in Gärten begegnen (Botanischer Garten, Jardins Monte Palace, Ribeiro Frio). Er hat eiförmige, nicht gewellte Blätter.

GROSSBLÄTTRIGE HORTENSIE
HYDRANGEA MACROPHYLLA

BLÜTEZEIT
Von Juni bis September

MERKMALE
Der dichte Strauch wird 1 bis 1.5 m hoch und hat zahlreiche feste, eiförmige, leicht zugespitzte Blätter. Zwischen ihnen schauen die halbkugelförmigen Blütendolden hervor. Sie sind auf Madeira meist hellblau bis weiß wegen des hohen Aluminiumgehalts im Boden. Andernfalls wären die Blüten rosa.

STANDORT:
Die Großblättrige Hortensie benötigt relativ viel Feuchtigkeit. In mittleren Höhen (zwischen 700 und 1400 m, an der Nordküste auch tiefer) säumt sie Straßenränder und Levadas. Eine regelrechte Hortensienlevada ist u. a. die Levada da Serra zwischen Quatro Estradas und Portela.

WISSENSWERTES:
Die ebenfalls kultivierte Wildform der Großblättrigen Hortensie hat tellerförmige Blütenstände mit zweierlei Blüten. Die fruchtbaren Blüten in der Mitte sind klein und unscheinbar. Sie sind von einem Kranz unfruchtbarer, auffälliger Blüten umgeben. Schon vor Jahrhunderten gelang es in Japan die farbenprächtige „Schaublüte" zu züchten, die aber keine Samen hervorbringen kann. Die Vermehrung erfolgt durch Stecklinge. Der französische Naturforscher Commerson gab der Gattung den Namen seiner Lebensgefährtin Hortense Barré. Er brachte im 18. Jh. erstmals getrocknete Hortensien nach Europa.

WOLLBLÜTIGER NACHTSCHATTEN
SOLANUM MAURITIANUM

BLÜTEZEIT
Von Februar bis Oktober

MERKMALE
Der bis 4 m hohe Strauch sieht aus wie eine große Kartoffelpflanze. Wie Kartoffeln gehört er auch zur Gattung der Nachtschattengewächse. Seine großen, elliptischen Blätter sind behaart. Die doldenförmigen Blütenstände bestehen aus 10 bis 20 violetten Einzelblüten. Aus ihnen entwickeln sich kleine gelbe Früchte.

STANDORT:
Man findet den Wollblütigen Nachtschatten an feuchten Standorten in Höhen von rund 500 m: am Südhang der Insel in engen Talgründen, im regenreichen Norden auch an Wegrändern. Meist wachsen mehrere Exemplare dicht beieinander. Wanderer treffen auf die Pflanze z. B. an der Levada dos Tornos bei Camacha und Monte. Häufig ist sie auch am Rand der Eukalyptuswälder oberhalb Santana und São Jorge.

WISSENSWERTES:
Ursprünglich stammt die Pflanze aus Zentralamerika. Auf Madeira wurde sie Ende des 19. Jhs. als Zierpflanze eingeführt. Seither verwildert sie mit zunehmender Tendenz. Meist sind Siedlungen nicht weit vom Standort entfernt. Wie alle Nachtschattengewächse enthält sie in allen Pflanzenteilen Solanin, ein giftiges Glykoalkaloid. Die Vergiftungen äußern sich durch Hals- und Kopfschmerzen, Fieber und Krämpfe. Man sollte auf keinen Fall von den Früchten kosten.

EUROPÄISCHER STECHGINSTER
ULEX EUROPAEUS

BLÜTEZEIT
Von Januar bis September

MERKMALE
Der stachelige, stark verzweigte, bis 2 m hohe Strauch
hat feste, gerade wachsende
Zweige, die in alle Richtungen
von den Ästen abstehen. An
ihnen sitzen zahlreiche Blätter,
die meist zu kurzen Dornen
umgebildet sind. Die gins-
terähnlichen Schmetterlingsblüten sind leuchtend gelb.

STANDORT:
In der Lorbeerwaldstufe zwischen 600 und
1400 m Höhe findet man den Europäischen
Stechginster auf gerodeten Flächen: in Weideland und an Levadas, die durch Eukalyp-
tus- oder Kiefernwald führen. Er liebt sonnige
Standorte. Sehr häufig ist er am Rand der
Hochebene Paúl da Serra (z. B. an der Levada
do Paúl), oberhalb von Camacha an der Straße
zum Poiso-Pass, am Weg von Portela zur Levada
do Furado und unterhalb des Pico Grande.

WISSENSWERTES:
Von Natur aus ist die Pflanze in den Heidege-
bieten Westeuropas heimisch. Gemeinsam mit
dem aus Südeuropa stammenden Besenginster
(Cytisus scoparius) wurde sie als Futterpflanze
eingeführt. Sie breitet sich schnell aus und bildet
oft undurchdringliche Bestände. Die Einheimischen verwenden die Zweige zum Befeuern der
Backöfen. Über Ginsterfeuer gebackenes Brot
(pão de lenha) gilt als besonders schmackhaft.

KAP-EFEU, SOMMEREFEU
DELAIREA ODORATA

BLÜTEZEIT
Vorwiegend Oktober bis Januar, stellenweise bis März.

MERKMALE
Die Kletterpflanze bildet bis zu 6 m lange Ranken aus, mit denen sie an Sträuchern und Bäumen in die Höhe steigt. Ihre kräftig gelben kleinen Korbblüten stehen in großen Dolden zusammen. Außerhalb der Blütezeit fallen die fünflappigen Blätter, die denen unseres Efeus sehr ähneln, kaum auf.

STANDORT:
Der Kap-Efeu ist im Kulturland häufig verwildert anzutreffen, von der Küste aufwärts bis in ca. 700 m Höhe. Meist wird man ihn beim Wandern entlang verschiedener Levadas finden, z. B. an der Levada do Caniçal bei Machico oder an der Levada dos Tornos bei Camacha. Außerdem besiedelt er Felswände und verschiedene Parks um Funchal.

WISSENSWERTES:
Der Kap-Efeu - früher Deutscher Efeu (Senecio mikainoides) - stammt aus Südafrika. Von dort wurde er wegen seiner attraktiven Blüten als Zierpflanze nach Madeira eingeführt. In Kalifornien ist der Kap-Efeu sehr invasiv und extrem schwierig unter Kontrolle zu bringen. Auf Madeira scheint er unproblematisch zu sein. Mit dem Gemeinen Efeu (Hedera helix) ist der Kap-Efeu nicht näher verwandt, ebenso wenig wie mit dem endemischen Madeira-Efeu (Hedera maderensis). Letzterer hat herzförmige Blätter.

TRICHTERWINDE,
PURPUR-PRUNKWINDE
IPOMOEA PURPUREA

BLÜTEZEIT
Von September bis Mai

MERKMALE
Die Purpur-Prunkwinde ähnelt vom Aussehen her den aus Mitteleuropa vertrauten Windengewächsen, mit denen sie auch verwandt ist. Die fünf Blütenblätter sind kräftig violett mit einem dunklen Längsstreifen in der Mitte. Sie sind zu einem Trichter miteinander verwachsen. Die kräftigen Blätter sind herzförmig.

STANDORT:
Als Kletterpflanze schlingt sich die Purpur-Prunkwinde Felswände, Mauern, Strommasten und Bäume hinauf. Schon im 17. Jh. wurde sie als Zierpflanze aus Südamerika nach Europa eingeführt. Heute ist sie auf Madeira vielfach verwildert. Ihre Standorte sind Weg- und Levadaränder in Siedlungsnähe. Abfall- und Komposthaufen deckt sie oft gnädig zu. Sie ist bis in Höhenlagen von ca. 500 m zu finden, vor allem auf der Südseite der Insel.

WISSENSWERTES:
Eine nahe Verwandte der Prunkwinde ist die ebenfalls aus Amerika stammende Süßkartoffel (Ipomoea batatas) mit weißen, innen kräftig rosa gefärbten Blüten. Letztere wird auf Madeira angebaut und liefert süße, stärkehaltige Knollen. Der natürlichen Flora gehören einige Arten der europäischen Windengattung Convolvulus an. U. a. die endemische Madeira-Winde mit weißen Blüten und rosa Streifen.

GROSSE KAPUZINERKRESSE
TROPAEOLUM MAJUS

BLÜTEZEIT
Von Februar bis September

MERKMALE
Die Pflanze bildet Ranken aus, die sich wie ein Teppich über den Boden legen oder bis zu 3 m an anderen Pflanzen hinaufklettern. Die Blätter sind schildförmig mit fünf oder zehn angedeuteten Ecken. Die glockenförmigen Blüten besitzen je fünf Blütenblätter. Die Farbe kann von goldgelb bis orangerot variieren.

STANDORT:
Die Große Kapuzinerkresse benötigt viel Sonne und einen nährstoffreichen Boden. Ursprünglich stammt sie aus den Anden, speziell aus Peru. Auf Madeira wurde sie als Zierpflanze eingeführt und ist vielfach verwildert. Sie wächst meist im Kulturland, an den Rändern von Feldterrassen und Levadas. Bis in Höhenlagen von maximal 800 m ist sie zu finden, bleibt aber stets unterhalb der Waldgrenze. Sehr häufig ist sie an der Levada da Serra bei Camacha oder entlang der Levada do Norte.

WISSENSWERTES:
Die Blätter enthalten Senföl-Glykosid und wirken antibiotisch. Geschmacklich erinnern sie mit ihrer leichten Schärfe an Brunnenkresse und können - ebenso wie die Blüten - für Salate verwendet werden. Die jungen Blütenknospen schmecken, in Essig eingelegt, ähnlich wie Kapern. Auf Madeira ist jedoch weder das eine noch das andere üblich.

97

WANDELRÖSCHEN
LANTANA CAMARA

Als Zierpflanze findet man das Wandelröschen in Bauerngärten und Parks. Meist in mittleren Höhenlagen unterhalb der Lorbeerwaldzone zwischen 300 und 600 m. Auch an den Rändern von Straßen, Wegen und Levadas wurde es angepflanzt und neigt dort zum Verwildern. Z. B. an der Levada dos Tornos und der Levada da Serra im Südosten Madeiras. Auch in den Palheiro Gardens ist es u. a. anzutreffen.

WISSENSWERTES:
Die Heimat der Pflanze erstreckt sich vom Süden der USA bis nach Südamerika. Von dort wurde sie schon im 17. Jh. als Zierpflanze nach Europa eingeführt. Offenbar handelt es sich bei den kultivierten Sorten nicht um die amerikanische Wildform, sondern um Kreuzungen von Hybriden. Die Blätter sind giftig und werden daher von fast allen Tieren verschmäht. Ihre Blüten locken allerdings Schmetterlinge an. Die Früchte werden gern von Vögeln verzehrt.

BLÜTEZEIT
Ganzjährig, aber vor allem im Sommer

MERKMALE
Der bis zu 1,5 m hohe Strauch hat vierkantige, schwach dornige Zweige. Seine eiförmigen Blätter sind an der Unterseite behaart. Die bis zu 3 cm breiten Blütenköpfe bestehen aus jeweils rund 20 Einzelblüten. Deren Farbe wandelt sich mit dem Älterwerden von Gelb zu Orange oder Rosa zu Violett.

MONTPELLIER-ZISTROSE
CISTUS MONSPELIENSIS

BLÜTEZEIT
Vom April bis Juli

MERKMALE
Der dichte, bis 1 m hohe Strauch besitzt zahlreiche klebrige Blätter. Sie sind am Rand eingerollt und fühlen sich an der Unterseite wie Filz an. Im Hochsommer werden sie braun. Die Blüten ähneln denen einer Heckenrose, sind aber etwas kleiner und weiß. Blätter und Blüten duften aromatisch.

STANDORT:
Die Montpellier-Zistrose liebt sonnige Bereiche am Südabhang der Insel, in Höhenlagen zwischen 500 und 800 m. Dort kommt sie entlang von Straßenrändern und Levadas, in aufgeforsteten Kiefernwäldern und in lichtem Gebüsch vor. Von Wald- oder Buschbrand betroffene Flächen besiedelt sie recht schnell und tritt an solchen Stellen in größeren Gruppen auf. Zu finden ist sie z. B. bei Jardim da Serra oder entlang der Levada do Norte zwischen Boa Morte und Câmara de Lobos.

WISSENSWERTES:
Vermutlich war die Pflanze früher fester Bestandteil einer trockenen Variante eines Lorbeerwaldes auf den Bergrücken im Süden. Sie ist auch auf den Kanaren und im gesamten Mittelmeergebiet verbreitet. Auf Madeira ist sie die einzige Vertreterin der mit den Rosen verwandten Zistrosengewächse. Im Mittelmeerbereich kommen diese mit über 50 Arten vor.

Drüsen-Wasserdost
Ageratina adenophora

Blütezeit
Von März bis September

Merkmale
Die krautige Pflanze wird ca. 0,5 bis 1 m hoch und wächst meist in größeren Gruppen. An den rötlichen Stängeln sitzen die kleinen weißen Korbblüten in lockeren Dolden. Die hellgrünen Blätter haben die Form von Pfeilspitzen und sind am Rand gesägt. Der verwandte Mexikanische Wasserdost hat zartviolette Blätter.

Standort:
In bis zu 1200 m Höhe findet man den Feuchtigkeit liebenden Drüsen-Wasserdost oft an schattigen Levadas, von wo aus er sich in die benachbarten Wälder ausbreitet. Auch in den Lorbeerwald dringt er vom Rand aus ein. Er ist auf Madeira sehr häufig, worauf auch sein portugiesischer Name (Abundância: Fülle, Überfluss) deutet.

Wissenswertes:
Die Pflanze stammt aus Zentralamerika. Erst Mitte des 19. Jh. wurde sie eingeführt. Der Drüsen-Wasserdost ist eine der häufigsten Fremdarten auf Madeira. So nennt man die vom Menschen eingeschleppten und dann verwilderten Arten. Den von Natur aus ca. 800 heimischen Gefäßpflanzen (Blütenpflanzen und Farne) stehen heute auf Madeira 550 Fremdarten gegenüber. Teilweise verdrängen sie die heimischen Arten aggressiv und beeinflussen das Ökosystem auf Dauer negativ.

BLAUES HALSKRAUT
TRACHELIUM CAERULEUM

BLÜTEZEIT
Von April bis August

MERKMALE
Das Halskraut kann ungefähr 1 m hoch werden. Es wächst buschig und ist am Grund verholzt. Seine großen, blau-violetten Blütenstände sehen wie Dolden aus. Sie sind aus kleinen Einzelblüten zusammengesetzt., aus denen die Griffel weit herausragen. Die Blätter sind spitz und leicht gezähnt mit feinen Härchen.

STANDORT:
Das Halskraut wächst in Höhen bis 500 m über dem Meer. Es bevorzugt schattige, feuchte Standorte vor allem in den Tälern der Südseite Madeiras. Es wächst oft an Felswänden. Man sollte es also dort suchen, wo Levadas steile Täler durchqueren, z. B. die Levada Nova zwischen Ponta do Sol und Calheta. Auch an Mauern kann man es entdecken. Vielfach wird das Halskraut wegen seiner attraktiven Blütenstände auch in Gärten kultiviert.

WISSENSWERTES:
Ursprünglich ist das Halskraut im westlichen Mittelmeerraum, in Portugal und Marokko beheimatet. Vielleicht wurde es erst vom Menschen nach Madeira gebracht. Manche Wissenschaftler sehen es allerdings als zur ursprünglichen Flora gehörig an. Die Verwandtschaft mit den Glockenblumen ist dem Halskraut nicht anzusehen.

ROTE SPORNBLUME
CENTRANTHUS RUBER

BLÜTEZEIT
Von März bis Oktober

MERKMALE
Die bis 50 cm hohe Rote Spornblume besitzt kleine, rosarote Blüten. Sie sind mit einem spitzen Sporn versehen. Zahlreich stehen sie in doldenähnlichen Blütenständen zusammen. Es gibt auch eine weiß blühende Variante. Die graugrünen, teils fleischigen Blätter stehen sich gegenüber. Sie sind eiförmig.

STANDORTE:
Bis in ca. 600 m Höhe findet man die Rote Spornblume an sonnigen Standorten im Süden der Insel: an Weg- und Straßenrändern, entlang von Levadas, an Mauern und felsigen Stellen. Häufig ist sie vor allem im Südwesten bei Prazeres und Estreito da Calheta. Vereinzelt wächst sie auch an der Straße von Funchal nach Curral das Freiras und bei Gaula.

WISSENSWERTES:
Rosa da Rocha (Felsrose) heißt die Rote Spornblume in Portugal. Mit den Rosen ist sie allerdings nicht verwandt. Vielmehr gehört sie zur Familie der Baldriangewächse. Sie ist vielleicht als Zierpflanze aus dem Mittelmeerraum eingeführt worden und dann verwildert, was allerdings umstritten ist. Ihre Verwandte, die seltenere Fußangel-Spornblume (Centranthus calcitrapae) gilt auf jeden Fall als auf Madeira heimisch. Sie blüht blassrosa, ist kleiner und besiedelt felsige Stellen und Brachland.

KARWINSKIS BESCHREIKRAUT, KARWINSKIS BERUFKRAUT
ERIGERON KARVINSKIANUS

BLÜTEZEIT
Von März bis September

MERKMALE
Am auffälligsten sind die Blüten, die denen des Gänseblümchens ähneln. Der Kranz von schmalen Zungenblüten ist weiß oder rosa gefärbt, das „Körbchen" in der Mitte gelb. In großer Zahl sprießen die Blüten an dünnen Stielen aus der polsterförmigen Pflanze. Die Blätter sind klein, schmal und spitz.

STANDORT:
Meist findet man Karwinskis Beschreikraut an Mauern und Felsen im Kulturland: entlang von Levadas, Wegen und Felsrändern. Es ist überall in Höhenlagen bis 1000 m sehr häufig. Nur äußerst trockene Standorte besiedelt es nicht. Auch dort, wo die natürliche Vegetation noch intakt ist kann es sich nicht durchsetzen.

WISSENSWERTES:
Erst in historischer Zeit wurde das Beschreikraut aus Mexiko als Zierpflanze nach Madeira eingeführt. Den deutschen Gattungsnamen verdankt es der Tatsache, dass es mit dem in Mitteleuropa heimischen Scharfen oder Echten Berufkraut (Erigeron acer) verwandt ist. Von diesem nahm man im Mittelalter an, es schütze gegen das „Berufen" oder „Beschreien". Darunter verstand man z. B. das heimliche Verwünschen von Kindern, die dann kränkelten und nicht recht gedeihen wollten. So benutzten vor allem Hebammen das Kraut als Badezusatz.

ASPHALTKLEE, HARZKLEE
BITUMINARIA BITUMINOSA

BLÜTEZEIT
Von April bis August

MERKMALE
Die Pflanze wird zwischen 20 cm und 1 m hoch. Ihre Blätter sind dreizählig. Blätter wie Blüten sitzen an langen Stielen. Bei den Blüten handelt es sich um die typischen kugeligen Klee-Blütenköpfe, ihre Farbe ist verwaschen violett. Beim Zerreiben von Blättern und Stängel entsteht ein auffälliger Asphaltgeruch.

STANDORT:
Der Asphaltklee ist ein Kulturfolger. Im Ackerland kommt er entlang zahlreicher Levadas und an den Rändern von Feldterrassen vor. Im Küstenbereich findet man ihn auf Brachland ebenso wie in natürlichen oder naturnahen Pflanzenformationen.

WISSENSWERTES:
Die Art kommt von Natur aus auch auf den Kanarischen Inseln und im Mittelmeerraum vor. Im antiken Griechenland wurde der Asphaltklee gegen Schlangenbisse verordnet. Auf Madeira verwendet man ihn traditionell in der Volksmedizin als Haarwuchsmittel. Außerdem gewann man aus ihm einen Naturfarbstoff zum Einfärben von Textilien. Der Asphaltgeruch entstammt schwärzlichen Drüsen, mit denen die ganze Pflanze bedeckt ist. Er dient als Schutz vor Fressfeinden, weshalb man den Klee auf Madeira gezielt um Feldterrassen angepflanzt hat, um Kaninchen und Ziegen fernzuhalten.

GELBER SAUERKLEE,
ZIEGENFUSS-SAUERKLEE
OXALIS PES-CAPRAE

BLÜTEZEIT
Von Dezember bis April

MERKMALE
Der Gelbe Sauerklee besitzt das typische „Kleeblatt". Die zahlreichen Blätter bilden flache Polster, aus denen bis zu 30 cm hohe Blütenstände treiben. Die zu mehreren an ihnen sitzenden, trichterförmigen Blüten sind leuchtend gelb und erinnern an die in Mitteleuropa wild wachsenden Primeln (Schlüsselblumen).

STANDORT:
Vor allem findet man den Gelben Sauerklee in den intensiv landwirtschaftlich genutzten Höhenlagen zwischen 400 und 700 m. Dort wächst er entlang von Wegen und Levadas, an den Rändern der Terrassenfelder oder auf aufgegebenem Kulturland. Aber auch bis zur Küste hinunter ist er vertreten, selbst auf der trockenen Halbinsel São Lourenço. Er ist sehr häufig und bildet oft größere Bestände. Eine Zuchtform mit gefüllten Blüten sieht man hier und da als Zierpflanze.

WISSENSWERTES:
Ursprünglich stammt die Pflanze aus Südafrika. Inzwischen ist sie fester Bestandteil der Wildflora Madeiras. Auch auf den Kanarischen Inseln und im Mittelmeerraum ist der Gelbe Sauerklee heute sehr häufig. Seine Fruchtkapseln kommen außerhalb seiner südafrikanischen Heimat nicht zur Reife. Die Pflanze vermehrt sich auf Madeira durch unterirdische Brutknollen.

PURPUR-SAUERKLEE
OXALIS PURPUREA

BLÜTEZEIT
Von Dezember bis April

MERKMALE

Die bodenbedeckende Pflanze wird nur wenige Zentimeter hoch. Ihre zahlreichen Blätter sind kleeblattförmig. Sie treibt auffällige trichterförmige Blüten, die kaum über den Blätterteppich hinausragen. Ihre fünf Kronblätter sind leuchtend purpurrot. Der Hals des Trichters hingegen ist innen wie außen gelb.

STANDORT:

Der Purpur-Sauerklee liebt schattige, relativ feuchte Standorte in mittleren Höhen (200-700 m). Er ist vorwiegend in Kulturland, in Gärten und Parks anzutreffen. Dort, wo Levadas von Eichen oder Edelkastanien gesäumt werden (z. B. Levada dos Tornos bei Camacha) findet man ihn ebenso wie in den Palheiro Gardens oder im Park der Quinta do Santo da Serra.

WISSENSWERTES:

Im Gegensatz zu seinem ebenfalls vom Menschen aus Südafrika eingeschleppten Verwandten, dem Gelben Sauerklee (s. S. 105), breitet sich der Purpur-Sauerklee nicht aggressiv auf Kosten anderer Pflanzen aus. Dennoch ist er heute aus der Wildflora Madeiras nicht mehr wegzudenken. Wie alle Vertreter der Gattung Oxalis (Sauerklee) enthält die Pflanze in ihren Blättern Oxalsäure und Oxalate (Kleesalze). Daher ist sie bedingt giftig.

FEDTSCHENKOIS BRUTBLATT
BRYOPHYLLUM FEDTSCHENKOI

BLÜTEZEIT
Ganzjährig, vorwiegend Frühjahr und Sommer

MERKMALE
Die etwa 30-40 cm hohe Pflanze hat dicke, fleischige Blätter. Diese sind rundlich mit gekerbten Rändern, gräulich und mit purpurnen Tupfen versehen. Die orangegelben oder blassroten, röhrenförmigen Blüten sind zu mehreren kranzförmig um die Blütenstängel angeordnet und hängen herunter.

STANDORT:
Verwildert wächst Fedtschenkois Brutblatt in großer Zahl an der Levada do Caniçal im Tal von Machico. Ansonsten ist es vor allem in Gärten zu sehen, meist an felsigen, sonnigen Stellen bis etwa 300 m hinauf. Dort gedeiht es oft zusammen mit dem verwandten Röhrenblütigen Brutblatt (Bryophyllum tubiflorum). Letzteres ist größer, hat längliche Blätter und rote Blüten.

WISSENSWERTES:
Die Vermehrung erfolgt teilweise über vegetative Knospen an den Blättern, vor allem beim Röhrenblütigen Brutblatt. Mit der Gattung Brutblatt (Bryophyllum) ist die Gattung Kalanchoe eng verwandt, unterscheidet sich aber von dieser durch die fehlenden Brutknöllchen. Beide Gattungen sind afrikanischen Ursprungs und speziell auf Madagaskar verbreitet. Wegen des skurrilen Aussehens werden sie oft von Sukkulenten-Liebhabern gehalten.

107

MILCHFLECKDISTEL
GALACTITES TOMENTOSA

BLÜTEZEIT
Von Februar bis September

MERKMALE
Die bis zu 60 cm hohe Pflanze weist die von Disteln bekannten, harten Stängel und stacheligen Blätter auf. Ihre Körbchenblüten sind aus zahlreichen zartvioletten Röhrenblüten zusammengesetzt. Sie sind innen kurz und sehr blass, außen deutlich länger und lebhafter gefärbt.

STANDORT:
Bevorzugte Standorte der verbreiteten Pflanze sind trockene Bereiche im Süden der Insel, meist in Küstennähe. An sonnigen Stellen kommt sie aber bis 1000 m Höhe vor. Man findet sie häufig auf der Halbinsel São Lourenço. Aber auch auf Brachland in der Nähe der Hotels in Caniço und Funchal wächst sie. Zusätzlich entlang vieler Levadas, die durch Ackerland führen.

WISSENSWERTES:
Obwohl die Pflanze wie eine echte Distel aussieht, gehört sie nicht zu den echten Disteln (Gattung Carduus). Das für die Disteln typische Aussehen tritt auch bei verwandten Gattungen auf. Hauptverbreitungsgebiet der Milchfleckdistel ist das Mittelmeergebiet. Ebenso ist sie auf den Kanaren heimisch. Manche Botaniker meinen, dorthin sei sie erst in historischer Zeit eingeschleppt worden. Dies könnte auch für Madeira gelten. Ihren Namen verdankt die Distel den weißen Flecken auf den Blättern.

ORIENTALISCHE LIEBESBLUME, SCHMUCKLILIE
AGAPANTHUS ORIENTALIS

BLÜTEZEIT
Von Mai bis September

MERKMALE
Die Pflanze besitzt lange, schmale Blätter mit parallel zueinander verlaufenden Blattnerven. Aus dem Blattwerk ragen bis zu 70 cm hohe Stängel heraus. Auf ihnen sitzen halbkugelförmige, blaue oder weiße Blütendolden. Die bis zu 100 Einzelblüten sind sternförmig aus sechs Blütenblättern zusammengesetzt.

STANDORT:
Von der Küste bis in Höhen von über 1000 m hinauf findet man die Orientalische Liebesblume als Zierpflanze entlang Levadas und Straßenrändern sehr häufig. Auch in Gärten und Parks ist sie oft vertreten. Die öffentliche Hand verschönert gern Verkehrsinseln und Straßendämme mit ihr. Fast immer steht die Pflanze in größeren Gruppen. Sie vermehrt sich durch Ausläufer, neigt aber nicht zum Verwildern.

WISSENSWERTES:
Die aus Südafrika stammende Pflanze blüht von Natur aus blau. Ihre weiße Varietät entstand aus Züchtungen. Häufig liest man für Agapanthus orientalis: Afrikanische Liebesblume. Von der Art Agapanthus africanus wurde sie inzwischen abgetrennt. Die echte Afrikanische Liebesblume ist kleiner, ihre Dolde umfasst weniger Blüten, die Blätter sind oft gestreift. Der wissenschaftliche Gattungsname leitet sich vom griechischen „agape"=Liebe und „anthos"=Blume ab.

BELLADONNA-LILIE, KAP-AMARYLLIS
AMARYLLIS BELLADONNA

BLÜTEZEIT
Von September bis November

MERKMALE
Die langen Blätter entwickeln sich erst nach der Blüte und vertrocknen im Sommer. Dann ragen nur noch die Zwiebeln teilweise aus dem Boden, aus denen im Herbst die 30-40 cm hohen Blütenstängel treiben. An diesen sitzt ein Kranz großer Trichterblüten. Die sechs Kronblätter sind an den Spitzen kräftig rosa gefärbt.

STANDORT:
Die ursprünglich aus Südafrika stammende Belladonna-Lilie wurde auf Madeira häufig an Straßenrändern und Levadas gepflanzt. Von dort verwilderte sie in Kiefern- und Eukalyptuswälder hinein, wo sie im Unterwuchs oft die einzige Pflanze ist. Sehr häufig ist die Lilie im Südwesten Madeiras in Höhenlagen zwischen 300 und 900 m.

WISSENSWERTES:
Der römische Dichter Vergil (70-19 v. Chr.) ließ in einem seiner Hirtengedichte („Bucolica") den Hirten Tityros auf der Flöte die Schönheit des Mädchens Amaryllis preisen. So entstand der Namen für eine Reihe von Zierpflanzen, von denen heute nur die Belladonna-Lilie botanisch zur Gattung Amaryllis gestellt wird. Alle anderen als „Amaryllis" bekannten Pflanzen wurden inzwischen anderen Gattungen zugeordnet. Mit der als „Belladonna" bekannten Schwarzen Tollkirsche hat die Pflanze jedoch nichts zu tun.

WATSONIE, KAPLILIE
WATSONIA BORBONICA

BLÜTEZEIT
Von Juni bis August

MERKMALE
Das Schwertliliengewächs hat sehr lange, schmale Blüten. Die Blütenstände erinnern an Gladiolen, die Blütenfarbe ist entweder weiß oder rosa. Die Watsonie vermehrt sich über Wurzelausläufer, weshalb immer mehrere Pflanzen in einem dichten Buschwerk zusammenstehen.

STANDORT:
Vor allem im feuchteren Norden der Insel wurde die Watsonie vielfach entlang von Straßenrändern und Levadas gepflanzt. Man findet sie in Höhenlagen von etwa 200 bis 700 m. Auffällig häufig ist sie z. B. bei Santana, insbesondere an der Straße Richtung Achada do Teixeira. Sie neigt nicht zum Verwildern.

WISSENSWERTES:
Ursprünglich ist die Watsonie in Südafrika beheimatet. Auf Madeira blüht sie vor allem um das Johannisfest (24. Juni) herum. Dieser Tatsache und ihren fahnenartigen Blütenständen verdankt sie den englischen Namen „St. John´s Staff" (Johannisflagge). Im Juli/August kann man an Wochenenden in Santana und anderswo Frauen bei der Ernte der Einzelblüten beobachten. Sie finden für die Blumenteppiche anlässlich der Festa do Senhor (Fest des Herrn) Verwendung. Von der anschließenden Prozession werden sie innerhalb kürzester Zeit zertreten.

MONTBRETIE
CROCOSMIA CROCOSMIIFLORA

BLÜTEZEIT
Im Juli und August

MERKMALE
Das ca. 50 cm hohe Schwert-liliengewächs hat lange, sehr schmale, spitze Blätter. An dünnen Stängeln erheben sich die recht filigran wirkenden Blütenstände. Sie bestehen aus orangeroten Einzelblüten. Die Pflanzen stehen meist in größeren Gruppen zusammen.

STANDORT:
In Höhenlagen von 200 bis 750 m wurde die Montbretie oft entlang von Straßen-, Wegrändern und Levadas gepflanzt. Aber auch als Gartenpflanze ist sie häufig zu sehen. Sie neigt nicht zum Verwildern. Wanderer treffen sie z. B. oberhalb von Portela am Weg zum Lamaceiros-Forsthaus und an zahlreichen Levadas an der Südküste.

WISSENSWERTES:
Die beliebte Kulturform der Montbretie entstand durch Kreuzung der beiden südafrikanischen Wild-Montbretien Crocosmia pottsii und Crocosmia aurea. Sie wurde 1882 im französischen Nancy gezüchtet. Schwertliliengewächse sind generell leicht zu kultivieren. Auch die ebenfalls als Zierpflanzen beliebten Gladiolen und Freesien sowie der Krokus gehören zu den Schwertliliengewächsen. Die Montbretie ist nach dem französischen Naturforscher A. F. E. Coquebert de Montbret benannt.

ZIMMERKALLA
ZANTEDESCHIA AETHIOPICA

STANDORT:

Als Zierpflanze ist die Zimmerkalla in vielen Gärten und Parks anzutreffen, z. B. im Botanischen Garten oder in den Palheiro Gardens. In den feuchten Talgründen der Inselsüdseite ist sie in Höhenlagen zwischen 400 und 800 m recht häufig verwildert. Z. B. entlang der Levada do Norte oder rund um Camacha. An der Nordseite Madeiras findet man die Zimmerkalla eher in Küstennähe.

BLÜTEZEIT
Von November bis Juni

WISSENSWERTES:

Auf Madeira ist die Zimmerkalla von Natur aus nicht heimisch. Sie stammt aus Südafrika, nicht etwa aus Äthiopien, wie ihr botanischer Name vermuten lässt. Selbst aus Bruchstücken ihres Wurzelstocks treibt die Pflanze wieder aus. Wo es feucht und frostfrei ist, lässt sie sich daher leicht vermehren. Auf Madeira wird die Zimmerkalla von Bauersfrauen oft in Weinbergen oder Wiesengründen angebaut, um die Blüten oder Wurzeln auf dem Markt zu verkaufen.

MERKMALE

Die zu den Aronstabgewächsen zählende Pflanze wird ca. 50-80 cm hoch und besitzt große, pfeilförmige Blätter. Die Blattstängel enthalten einen giftigen, ätzenden Saft. Auf den kräftigen Blütenstängeln sitzt jeweils eine attraktive, duftende Blüte. Sie besteht nur aus einem weißen, trichterförmigen Hochblatt.

GLÖCKCHENLAUCH
ALLIUM TRIQUETRUM

BLÜTEZEIT
Von März bis Mai

MERKMALE
Die Blätter entwachsen dem Stängelgrund, sind sehr lang und schmal. Sie riechen wie bei allen Allium-Arten leicht nach Lauch. Der Stängel selbst ist scharf dreikantig. Der Blütenstand besteht jeweils aus ca. 5-15 herabhängenden weißen Einzelblüten, die sich alle zur selben Seite wenden.

STANDORT:
Der Glöckchenlauch liebt eine gewisse Feuchtigkeit und ist daher meist am Rand von Levadas zu finden, wo häufig mehrere Pflanzen in Gruppen zusammenstehen. Er bevorzugt Höhenlagen um 500 m an der Südseite der Insel, unterhalb der Waldzone. In großer Zahl tritt er z. B. an der Levada do Norte zwischen dem Cabo Girão und Estreito de Câmara de Lobos auf.

WISSENSWERTES:
Die Pflanze ist im gesamten westlichen Mittelmeerraum verbreitet. Möglicherweise wurde sie vom Menschen auf Madeira eingeschleppt. Die Gattung Allium (Lauch) umfasst annähernd 100 Arten. Zu dieser Gattung gehören auch Zwiebel, Knoblauch, Porree und Schnittlauch und der Bärlauch. Der Glöckchenlauch hat einen so geringen Gehalt an ätherischen Ölen mit Schwefelverbindungen (verantwortlich für den Geruch), dass er als Küchenkraut nicht zu verwenden ist.

SAAT-SIEGWURZ
GLADIOLUS ITALICUS

BLÜTEZEIT
Nur Mai und April

MERKMALE
Diese Wildgladiole wird ca. 50 cm hoch. Die rosaroten Blüten sind deutlich kleiner als bei den bekannten Zuchtgladiolen. Sie sitzen in lockerer Folge am Blütenstängel und wenden sich alle zur selben Seite. Der Aufbau der Blüten ist unregelmäßig, d. h. lediglich zweiseitig symmetrisch. Die Blätter sind lang und spitz.

MERKMALE:
Die Saat-Siegwurz ist ein Kulturfolger. Sie gedeiht an den Rändern der Ackerterrassen ebenso wie entlang Levadas, die durch Kulturland führen. Außerdem ist sie an Straßenrändern und Böschungen zu finden. Häufig ist sie vor allem im Osten der Insel, z. B. bei Faial oder an der Levada do Caniçal bei Machico.

WISSENSWERTES:
Im gesamten Mittelmeergebiet wächst die Saat-Siegwurz gerne in Getreidefeldern. So sind ihre Samen vielleicht vom Menschen unabsichtlich mit Getreidesaatgut nach Madeira eingeschleppt worden. Jedenfalls gehen die Meinungen darüber auseinander, ob die Art auf Madeira und den Kanaren zur ursprünglichen Flora gehört oder nicht. Wilde Gladiolen gibt es außer in Europa noch in Südafrika. Von letzteren stammen die bei uns beliebten großblütigen, vielfarbigen Zuchtgladiolen ab.

Im Lorbeerwald

Beim Lorbeerwald handelt es sich um die für Madeira typische Vegetationsform schlechthin. Laurissilva, wie die Portugiesen ihn nennen, bedeckte früher einen Großteil der Insel. Auf trockeneren Berghängen oberhalb von 300 m Höhe im Süden bestand er vorwiegend aus Besenheide, Gagelbaum und Kanarischem Lorbeer. Diese Bestände fielen schon im 15. und 16. Jh. großenteils Rodungen zum Opfer (s. S. 87). Im Norden Madeiras hingegen ist der Lorbeerwald noch sehr weit verbreitet. Er nimmt dort ein Areal von 10000 ha ein, was etwa einem Achtel der Inseloberfläche entspricht. Der Inselnorden ist viel regenreicher als der Süden, und dank der vorherrschenden Nordwinde bildet sich in Lagen oberhalb von ca. 500 m am Mittag fast täglich Wolkennebel, der sich erst gegen Abend wieder auflöst.

In dieser Nebelzone ist der Lorbeerwald besonders üppig und artenreich ausgeprägt. Hier dominiert Azoren-Lorbeer, weitere Vertreter der Lorbeergewächse sind Stinklorbeer und Madeira-Mahagoni. Daneben gibt es zahlreiche kleinere Bäume und Sträucher, Kräuter und Farne. Die meisten Arten des Lorbeerwaldes vertragen keinen Frost. Daher liegt die obere Grenze seiner Verbreitung bei etwa 1300 m. In der Gipfelregion kommt es nämlich im Winter häufig zu Nachtfrösten und Schneefall (s. S. 155). Nach unten kann im Inselnorden eine mehr Trockenheit vertragende Variante des Lorbeerwaldes bis fast an die Küste hinunter gedeihen. Doch unterhalb der Wolkenzone wurden Felder und Siedlungen angelegt, dadurch blieb der Wald nur in engen Schluchten erhalten. Vor einigen Millionen Jahren gab es ähnliche Wälder auch in Mitteleuropa. Sie verschwanden allmählich, als das Klima durch die Auffaltung der Alpen und die Eiszeiten zunehmend rauer wurde. Heute gibt es Lorbeerwald außer auf Madeira nur noch auf einigen Kanareninseln sowie in geringem Ausmaß auf den Azoren.

Auf Madeira errichteten die Behörden 1982 einen Naturpark und stellten die noch vorhandenen Bestände unter Schutz. 1999 erklärte die UNESCO den Lorbeerwald zum Weltkulturerbe. Die bis in jüngste Zeit übliche Nutzung (Einschlag von Bau- und Möbelholz, Gewinnung von Brennholz und Viehfutter, Waldweide durch Ziegen) sind jetzt verboten. Auch die Jagd auf die Silberhalstaube, die sich von den Früchten der Lorbeerbäume ernährt und damit zu deren Verbreitung beiträgt, ist inzwischen untersagt. So kann sich der Wald auch an Stellen in Siedlungsnähe erholen, wo er zuvor stark zerstört war. Einen guten Überblick über die Flora des Lorbeerwaldes gibt der Forstpark von Ribeiro Frio (s. S. 195). Wanderungen durch gut erhaltene Lorbeerwälder lassen sich z. B. bei Ribeiro Frio, Queimadas und Rabaçal unternehmen.

Stinklorbeer, Til, Stinkholz
Ocotea foetens

Blütezeit
Von November bis Juni. Früchte trägt er im Herbst

Merkmale
Mit bis 40 m Höhe ist der Stinklorbeer der gewaltigste Baum des Lorbeerwaldes. Seine Blätter ähneln denen des Azorenlorbeers. Sie weisen aber zwei, manchmal vier große Drüsen in den Achseln der untersten Blattnerven auf, die von unten als Einbuchtungen zu erkennen sind. Die Früchte sehen aus wie Eicheln.

Standort:
Im Lorbeerwald findet man den Stinklorbeer eher in der oberen Zone zwischen 1100 und 1500 m. Er benötigt einen feuchten Boden, daher steht er häufig in Bachbetten oder in der Nähe von Quellen. Das größte Verkommen befindet sich am Fanal am Nordrand der Hochebene Paúl da Serra. Wanderer begegnen dem Baum z. B. unterhalb der Südwand des Pico Grande, auf dem Weg vom Encumeada-Pass zum Pico Ruivo oder bei Fajã da Nogueira.

Wissenswertes:
Der Stinklorbeer ist auf Madeira und den Kanaren endemisch. Er gehört zu den Lorbeergewächsen, ist aber als Gewürz nicht geeignet. Warum ihn die ersten Siedler Til (=Linde) nannten ist nicht bekannt. Sein Holz wurde bis vor wenigen Jahrzehnten als Bau- und Möbelholz genutzt. Es verbreitet frisch geschlagen einen unangenehmen Geruch, der sich aber schnell verflüchtigt. Heute steht der Baum unter Naturschutz.

KANARISCHER LORBEER
FRÜHER AZORENLORBEER
LAURUS NOVOCANARIENSIS

BLÜTEZEIT
Von Februar bis April, Früchte trägt er von Mai bis September

MERKMALE
Der Kanarische Lorbeer kann bis 25 m hoch werden. Häufiger sind strauchförmige Exemplare mit mehreren dünnen Stämmen. Die lederigen Blätter sind größer als die bekannten Gewürzlorbeerblätter. An der Unterseite befinden sich winzige Drüsen in den Winkeln der Blattnerven. Die Früchte erinnern an Oliven.

STANDORTE:
Bis ca. 1400 m Höhe ist der Kanarische Lorbeer in allen Zonen des Lorbeerwaldes zu finden. Er ist dort mit Abstand der häufigste Baum. Schöne Bestände blieben an vielen Stellen im Norden erhalten. Der ausgedehnteste Wald erstreckt sich von Fajã da Nogueira über Ribeiro Frio bis oberhalb von Portela.

WISSENSWERTES:
Der auf Madeira, den Kanaren und in Marokko heimische Baum ist der nächste Verwandte des mediterranen Gewürzlorbeers (Laurus nobilis). Auch die Blätter des Kanarischen Lorbeers dienen als Gewürz. Allerdings braucht man in etwa die vierfache Menge im Vergleich zum Gewürzlorbeer. Die Einheimischen verwenden auch die entrindeten Zweige für den berühmten Fleischspieß (espetada). Die Früchte liefern Lorbeeröl, das früher für die Beleuchtung und als Heilmittel gegen eine Vielzahl von Krankheiten diente. Als Speiseöl ist es nicht geeignet.

119

Madeira-Mahagoni, Indischer Avocadobaum
Persea indica

Standort:

Zwischen 500 und 1400 m Höhe findet man den Madeira-Mahagoni an schattigen Stellen im Lorbeerwald. Er ist typisch für dessen tiefere und wärmere Zone. Besonders häufig ist er an der Südseite der Insel in feuchten Taleinschnitten mit Restbeständen des Lorbeerwaldes.

Blütezeit

Von Juni bis November. Früchte trägt der Baum im späten Herbst.

Wissenswertes:

Der Baum ist ein Lorbeergewächs, seine Blätter sind jedoch giftig. Er ist auf den Kanaren und Madeira endemisch. Sein Verwandter, der Amerikanische Avocadobaum (Persea americana) mit ähnlichen, aber wesentlich größeren und essbaren Früchten, wird auf Madeira häufig kultiviert. Die kleinen Früchte des Madeira-Mahagoni sind für den Menschen ungenießbar. Das schöne rotbraune Holz fand früher für die Möbelherstellung Verwendung und wurde nach Großbritannien exportiert. Die Importeure vermarkteten es dort unter dem Begriff „mahagony". Seit 1982 steht der Baum unter Schutz.

Merkmale

Mit 15-25 m Höhe ist der Madeira-Mahagoni einer der größten Bäume der einheimischen Flora. Er hat große, ca. 20 cm lange Blätter, die quirlförmig um die Zweige stehen. Die älteren Blätter färben sich leuchtend rot bevor sie abfallen. Die Blüten sind unscheinbar. Die Früchte sehen wie winzige Avocados aus.

Barbusano,
Kanarisches Ebenholz
Apollonias barbujana

Blütezeit
Von Februar bis Mai. Früchte trägt der Baum im Herbst.

Merkmale
Etwa 10 bis 20 m hoch wird der oft krumm wachsende, stark verzweigte Baum. Seine länglichen, tiefgrünen, glänzenden Blätter sind an der Seite eingerollt. Häufig weisen sie kugelige Ausstülpungen auf. Die Blüten sind gelblich und unscheinbar. Seine fleischigen Früchte sind olivenförmig.

Standort:
Der Barbusano ist eine Pflanze der tieferen Zonen des Lorbeerwaldes. Selten wächst er über Höhen von 700 m. Im Norden gedeiht er bis zur Küste hinunter. Er gedeiht sowohl in Schluchten als auch an trockenen Hängen und sogar an Felswänden. Wanderer sehen ihn z. B. im Naturschutzgebiet Ribeira do Tristão bei Achadas da Cruz.

Wissenswertes:
Bei den Ausstülpungen der Blätter handelt es sich um Gallbildungen, hervorgerufen durch eine wurmförmige, weiße auf diesen Baum spezialisierte Milbenart. Ihre Ausscheidungen regen die Blätter zu dem ungewöhnlichen Wachstum an. Anhand dieser Beulen ist der Barbusano von anderen Lorbeerarten zu unterscheiden. Die Art ist auf den Kanaren und Madeira endemisch. Das harte, rotbraune Holz wurde früher als „kanarisches Ebenholz" exportiert. Die Blätter sind nicht als Gewürz geeignet.

Gagelbaum, Wachsmyrthe
Myrica faya

Blütezeit
Von März bis Mai. Früchte trägt er vom Spätsommer bis in den späten Herbst.

Merkmale
Der Gagelbaum wird selten höher als 5 m. Die schmalen, lanzettförmigen Blätter stehen quirlförmig um die geraden, aufrechten Zweige. Zwischen den Blättern bilden sich die unauffälligen Kätzchenblüten. Aus ihnen entwickeln sich an weiblichen Bäumen schwarze Früchte, die wie kleine Brombeeren aussehen.

Standort:
In den tiefen Zonen der Lorbeerwaldstufe (bis ca. 1000 m) dominiert der Gagelbaum auf relativ trockenen Bergrücken. Dort wächst er gemeinsam mit der Besenheide, in höheren Lagen tritt die Baumheide hinzu. Wanderer sehen den Gagelbaum sehr häufig bei Rabaçal, z. B. entlang der Levada das 25 Fontes.

Wissenswertes:
In Portugal heißt der Gagelbaum Faia (=Buche), obwohl er wenig Ähnlichkeit mit dieser hat. Außer auf Madeira ist er in Südportugal, auf den Azoren und Kanaren heimisch. Auswanderer brachten ihn Ende des 19. Jhs. nach Hawaii, wo er heute ein großes Problem darstellt, weil er sich dort rasant auf Kosten der einheimischen Baumarten ausbreitet. In nordwestdeutschen Heidemooren wächst der nahe verwandte Gagelstrauch (Myrica gale). Die Früchte des Gagelbaumes schmecken fade, wurden aber früher in Notzeiten gegessen.

MAIBLUMENBAUM
CLETHRA ARBOREA

BLÜTEZEIT
Von Juli bis September

MERKMALE
Der relativ kleine Baum (2-7 m) hat aufrechte Zweige, an denen die Blätter in Quirlen zusammenstehen. Die Blätter sind glänzend und am Rand fein gesägt. Blattstiel und Blattadern sind auffällig rot. Der deutsche Name bezieht sich auf die weißen Blüten, die wie Maiglöckchen wirken und an langen Trauben hängen.

STANDORT:
Der recht häufige Maiblumenbaum gedeiht zwischen 400 und 800 m Höhe im tieferen Bereich des Lorbeerwaldes. Oft findet man ihn auch an Straßenrändern gepflanzt, z. B. häufig an der Straße von Santana zur Achada do Teixeira. Auch in Parks ist er oft zu sehen, z. B. in Ribeiro Frio.

WISSENSWERTES:
Der Maiblumenbaum ist einziger europäischer Vertreter der kleinen Familie der Scheinellergewächse. Im Tertiär war diese Pflanzenfamilie noch viel weiter verbreitet und kam auch in Mitteleuropa vor. Sogar im Bernstein des Ostseegebietes wurden fossile Blätter der Gattung Clethra gefunden. Heute gibt es diese Gattung nur noch auf Madeira, in Lateinamerika und Südostasien. Auf Madeira wurde der Maiblumenbaum intensiv genutzt. Aus seinem biegsamen Holz fertigte man Stangen, die Blätter dienten als Viehfutter. Heute steht er unter Schutz.

Hohe Picconie, Weissstock
Picconia excelsa

Blütezeit
Von Februar bis Juli

Merkmale

Der Baum mit seiner weißlichen Rinde wird 3-15 m hoch. Die weißen Blüten sitzen in einer Traube. Aus ihnen werden olivenförmige, blauschwarze Früchte. Die Blätter sind breiter als beim verwandten Ölbaum. Sie sind gegenständig, stehen also paarweise gegenüber, was einmalig für den Lorbeerwald ist.

Standort:

Die Hohe Picconie lebt im unteren Bereich der Lorbeerwaldzone in Höhen zwischen 800 und 1000 m. Am natürlichen Standort begegnet man ihr selten. Gepflanzt wächst sie z. B. bei der Forellenzucht von Ribeiro Frio und im Jardim Tropical Monte Palace (in der Abteilung für die endemische Flora Madeiras).

Wissenswertes:

Außer auf Madeira kommt die Hohe Picconie nur noch auf den Kanaren vor. Eine eng verwandte Art ist auf den Azoren endemisch. Auf dem europäischen Festland ist die Gattung Picconia unbekannt. Sowohl die Hohe Picconie als auch die Azoren-Picconie liefern ein wertvolles Holz das lange Zeit in Möbelschreinereien verwendet wurde. Beide Arten sind daher auf den jeweiligen Inseln selten geworden. Heute steht die Hohe Picconie wie alle Arten des Lorbeerwaldes auf Madeira unter Schutz.

Madeira-Stechpalme
Ilex perado maderensis

Blütezeit
Von April bis Mai. Früchte trägt der Baum in Herbst.

Merkmale
Der niedrige Baum (2-5 m hoch) hat einen kerzengeraden Stamm und dichtstehende Zweige. Die eiförmigen, ledrigen Blätter sind kaum gezäht. An blühenden Zweigen ist oft nur die Blattspitze stachelig. Die Blüten sind unscheinbar weißlich. Die dekorativen roten Früchte der weiblichen Bäume sind giftig

Standort:
Die Madeira-Stechpalme ist ein Gewächs des Lorbeerwaldes. Sie kommt vor allem in dessen tieferen, wärmeren Lagen vor (ca. 500-1000 m) und bevorzugt schattige Standorte unter dem Kronendach der höheren Lorbeerbäume. Am natürlichen Standort ist sie eher selten. Häufig wurde sie in Parks angepflanzt, z. B. in den Palheiro Gardens oder in Ribeiro Frio.

Wissenswertes:
Bei der Madeira-Stechpalme handelt es sich um eine Unterart der Breitblättrigen Stechpalme, die mit weiteren Unterarten auf den Kanaren und Azoren heimisch ist. Auf Madeira kommt noch die Kanaren-Stechpalme (Ilex canariensis) vor. Ihre Blätter sind länglicher, an der Spitze stumpf und fast ungezäht. Sie verträgt mehr Trockenheit und kommt auch im Baumheidegebüsch vor. Beide Arten sind mit der viel stacheligeren Europäischen Stechpalme (Ilex aquifolium) eng verwandt.

125

Im Lorbeerwald

Madeira-Besenheide
Erica scoparia maderincola

MERKMALE

Wie die sehr ähnliche Baumheide (s. S. 157) kann auch die
Madeira-Besenheide mehrere
Meter hoch werden und dicke
Stämme ausbilden. Meist
bleibt sie aber kleiner. Ihre Blüten sind blassrosa. Die nadel-
förmigen Blätter sind heller
und länger als die der Baumheide und stehen quirlförmig
ab. Junge Zweige sind rötlich.

STANDORT:
Gemeinsam mit der Baumheide bildet die
Madeira-Besenheide in den höheren Lagen
der Insel ausgedehnte Wälder. Bis in die
höchste Gipfelregion dringt die Madeira-
Besenheide aber eher selten vor. Sehr viel
häufiger ist sie auf trockenen Bergrücken in
der Lorbeerwaldzone, wo sie meist in Gesell-
schaft mit dem Gagelbaum (s. S. 122) wächst.

WISSENSWERTES:
Die Madeira-Besenheide ist nicht mit unserer
Besenheide (Gattung Calluna) zu verwechseln.
Die Zweige beider eignen sich zur Herstellung
von Besen. Besenheide (Erica scoparia) und
Baumheide (Erica arborea) sind auch in den
Macchien des Mittelmeergebiets verbreitet.
Beide Arten werden dort aber nur strauchgroß.
Eine dritte Art auf Madeira ist die endemische
Madeira-Glockenheide (Erica maderensis). Sie
ist der Moorheide sehr ähnlich, aber ein reiner
Gebirgsbewohner und blüht im Juli/August.

MADEIRA-HOLUNDER
SAMBUCUS LANCEOLATA

BLÜTEZEIT
Im Mai und Juni

MERKMALE
Der 3-7 m hohe Madeira-Holunder ist dem aus Mitteleuropa bekannten Schwarzen Holunder sehr ähnlich. Seine handförmigen Blätter setzen sich aus sieben oder neun Fiedern zusammen. Die kleinen weiß-gelblichen Blüten sitzen in doldenförmigen Blütenständen zusammen. Die reifen Früchte sind gelblich-grau.

STANDORT:
Der Madeira-Holunder ist in den feuchten Schluchten der Lorbeerwaldzone zu Hause. Im Norden der Insel steigt er bis 300 m Höhe hinab. Seine obere Verbreitungsgrenze liegt bei rund 1300 m. Er ist am natürlichen Standort sehr selten. Wanderer finden ihn im Caldeirão Verde sowie in großer Zahl in den Talgründen am Südhang der Hochebene Paúl da Serra, entlang der Levada do Paúl.

WISSENSWERTES:
Der Schwarze Holunder (Sambucus nigra) wurde vom Menschen auf Madeira eingeführt. Hier und da sieht man ihn im Kulturland. Mit 2-3 m Höhe bleibt er auf Madeira meist deutlich kleiner als der Madeira-Holunder. Aus seinen Beeren stellte man früher Saft, Marmelade oder Tee her. Fast jeder Teil des Strauches fand in der Volksmedizin Verwendung. Für den Madeira-Holunder sind ähnliche Verwendungen nicht bekannt. Früchte und Blätter gelten als giftig.

HONIG-WOLFSMILCH
EUPHORBIA MELLIFERA

BLÜTEZEIT
Von Februar bis April

MERKMALE
Mehrere Meter hoher Strauch. Die Blüten sind unscheinbar und dunkelbraun. Sie duften intensiv nach Honig. Die Blätter sind dunkelgrün, bis zu 20 cm lang und sitzen an den Enden der Zweige. Bei Verletzung der Blätter tritt ein Milchsaft aus, der wie bei den meisten Wolfsmilcharten giftig ist.

STANDORT:
An schattigen, feuchten Stellen des Lorbeerwaldes, speziell im Norden der Insel. Im Lorbeerwald ist sie recht häufig.

WISSENSWERTES:
Zur Gattung der Wolfsmilchgewächse zählen über 1600 Arten, über verschiedene Klimazonen verbreitet. Die in Mitteleuropa bekannten Arten sind krautig und unscheinbar. Im Mittelmeergebiet handelt es sich um kleinere, verzweigte Sträucher. Die tropischen Arten werden baumgroß und ähneln nicht selten Kakteen. Auf den Atlantikinseln nehmen die Wolfsmilchgewächse in Größe und Form eine Mittelstellung ein. Auf den Kanaren gibt es einige kaktusähnliche Gewächse. Auf Madeira kommen von Natur aus außer der baumartigen Honigwolfsmilch nur noch die strauchige Fischfangwolfsmilch (s. S. 67) sowie einige krautige nicht endemische Arten vor. Sie wachsen vorwiegend im Küstenbereich.

MADEIRA-TELINE, MADEIRA-GEISSKLEE
TELINE MADERENSIS

BLÜTEZEIT
Juni/Juli

MERKMALE

Der bis 5 m hohe, stark verzweigte Strauch wirkt von
Wuchsform und Blüten her
wie ein Ginster. Seine Zweige
und Blätter sind jedoch weicher und auffallend graugrün.
Die kleinen Blätter sind ver-
kehrt-eiförmig und oft zu dritt
angeordnet. An den Spitzen
der Zweige sitzen viele gelb-
orange Schmetterlingsblüten.

STANDORT:

Bis in 1200 m Höhe ist die Madeira-Teline in der
Lorbeerwaldzone zu finden. Wanderer sehen
sie z. B. beim Abstieg von Eira do Serrado nach
Curral das Freiras oder unterhalb des Pico Grande. Die kleinere Unterart Teline maderensis pai-
vae mit rundlicheren, weniger grauen Blättern
ist ein Bewohner der küstennahen Felswände.

WISSENSWERTES:

Knospen und Blätter der Madeira-Teline werden gern von der endemischen Silberhalstaube gefressen. Auf Madeira ist sie der einzige
von Natur aus vorkommenden Vertreter der
Gattung Teline. Hingegen haben Botaniker
auf den Kanarischen Inseln bereits zehn endemische Teline-Arten festgestellt. Überall im
Mittelmeerraum verbreitet ist die Montpellier-
Teline, die nach Madeira eingeschleppt wurde
und dort verwildert anzutreffen ist. Bei Ihr
stehen die Blütentrauben nicht an der Spitze
der Zweige, sondern in den Blattachseln.

KLETTERNDER MÄUSEDORN
SEMELE ANDROGYNA

BLÜTEZEIT
Nur im April und Mai

MERKMALE

Die Blätter der Kletterpflanze sind stark zurückgebildet. Stattdessen haben sich Kurztriebe zu blattartigen Gebilden entwickelt. Sie sind ledrig glänzend, kurz gestielt und vorn zugespitzt. Auf ihnen sitzen die cremefarbenen Blüten in kleinen Knäueln. Später erscheinen rote, kugelige Beeren.

STANDORT:
Die tieferen Bereiche des Lorbeerwaldes bis etwa 800 m Höhe sind das Hauptverbreitungsgebiet des Kletternden Mäusedorns. Ganz selten kommt er an feuchten Stellen der Nordküste auch unterhalb der Lorbeerwaldzone vor. Er windet sich als Liane bis in die Baumwipfel hinauf. Recht häufig ist die Pflanze an der Levada do Central bei Lamaceiros, oberhalb von Porto Moniz.

WISSENSWERTES:
Außer auf Madeira ist der Kletternde Mäusedorn auf den Kanaren endemisch. Er ist so etwas wie das tropischen Element im Lorbeerwald der Atlantikinseln. Im tropischen Regenwald ist der Kampf um das überlebensnotwendige Licht besonders hart, was Lianen begünstigt, die ohne eigenen Stamm in die Wipfelregionen gelangen. So ist es nicht verwunderlich, dass 90 % aller Kletterpflanzen in den Tropen heimisch sind.

Girlandenblume, Zier-Ingwer
Hedychium gardnerianum

Blütezeit
Im August und September

Merkmale
Die Pflanze bildet ähnliche Knollen wie der Ingwer. Die biegsamen, ca. 1 m langen Stängel neigen sich durch das Gewicht ihrer 20-40 cm langen Blätter zum Boden. An der Spitze der Stängel entwickelt sich jeweils ein kolbenförmiger, attraktiver Blütenstand. Die Blüten sind orange, die langen Staubblätter rot gefärbt.

Standort:
Auf Madeira findet man die Girlandenblume fast ausschließlich an der Nordseite, wo sie Höhenlagen von maximal 650 m erreicht. Sie wächst vorwiegend an Straßen- und Wegrändern und dringt von dort in den Lorbeerwald ein.

Wissenswertes:
Die Girlandenblume stammt aus dem östlichen Himalaja. Auf Madeira wurde sie Mitte des 19. Jh. als Zierpflanze eingeführt. Aus Gärten und Parks verwilderte sie und gilt heute als eine der aggressivsten Fremdarten (s. S. 100) im Lorbeerwald. Vor allem auf gerodeten oder gestörten Flächen wird sie zur Plage. Diese besiedelt sie wesentlich schneller als die natürliche Flora es vermag. Die bodenbedeckenden Wurzeln verhindern die Ansiedlung weiterer Pflanzenarten. Zur Bekämpfung hat die Naturparkverwaltung ein Projekt lanciert. Die Wurzeln werden maschinell zerschnitten, oder man erstickt die Pflanzen unter schwarzen Kunststofffolien.

Strauch-Gänsedistel
Sonchus fruticosus

Blütezeit
Von April bis August, meist aber Juni/Juli

Merkmale
Bis 3 m hoher Strauch mit immergrünen, gesägten Blättern, die bis zu 40 cm lang werden können. Die Blüten sind goldgelb und haben einen Durchmesser von bis zu 7 cm. Die Pflanze gehört zu den Korbblütlern und wirkt wie ein überdimensionaler Löwenzahn, mit dem sie auch verwandt ist.

Standort:
Die Strauch-Gänsedistel lebt vorwiegend im Lorbeerwald und besiedelt dort felsige Hänge und Böschungen mit steinigen Böden. Auch an anderen feuchten Stellen kann man sie entdecken

Wissenswertes:
Früher wurde die Gänsedistel in mittleren Höhenlagen gezielt als Viehfutter angepflanzt. Gänsedisteln sind in ganz Europa verbreitet. Bei uns wachsen sie in Unkrautbeständen oder auf Weiden und werden vorwiegend von Gänsen gefressen. Auf Madeira sind 6 Sonchus-Arten vertreten. Blätter und Blüten der Gänsedisteln enthalten einen Bitterstoff, der vermutlich für den Menschen mehr oder weniger giftig ist. Der im Lorbeerwald heimischen Silberhalstaube dienen sie allerdings als Nahrung. Bei Verletzung der Pflanze tritt eine große Menge Milchsaft aus, wovon sich auch der portugiesische Name „Leituga" (leite=Milch) ableitet.

Grossblättriger Hahnenfuss
Ranunculus cortusifolius

Blütezeit
April bis Juni, in höheren Lagen auch bis Juli

Merkmale
Die kräftige Staude kann bis zu 1 m hoch werden. Besonders stattlich (15-30 cm Durchmesser) sind die samtigen, gelappten Blätter, die aus der Basis des Stängels sprießen. Weiter ober am Stiel sind die Blätter deutlich kleiner. Die gelben, 5 cm breiten Blüten mit fünf Blättern ähneln unseren Hahnenfuß-Arten.

Standort:
Der Großblättrige Hahnenfuß ist vor allem an schattigen, ständig nassen Stellen des Lorbeerwaldes zu finden. Er benötigt einen humusreichen Boden. Am häufigsten sieht man ihn im Forstpark bei Ribeiro Frio, außerdem an Wegrändern und Levadas. Obwohl er Höhenlagen zwischen 700 und 1400 m bevorzugt, steigt er in feuchten Schluchten der Nordseite bis ca. 250 m hinab. Auch in der Gebirgszone ist er anzutreffen, dort allerdings viel kleiner.

Wissenswertes:
Der in allen Hahnenfußgewächsen enthaltene Giftstoff Anemonin tötet Fäulnisbakterien ab, daher können die Blätter große Feuchtigkeit ertragen, ohne sich zu zersetzen. Auf Madeira ist Ranunculus cortusifolius nicht die einzige Hahnenfußart, aber die auffälligste. Auch ist er auf den Kanaren und Azoren endemisch. In seiner Umgebung lohnt es oft nach anderen seltenen Pflanzen zu suchen.

Gefiederte Kanarenmargerite
Argyranthemum pinnatifidum
pinnatifidum

Blütezeit
April bis Juli

Merkmale
Die strauchige Pflanze wird bis zu 1,5 m hoch und besitzt große, stark gezähnte Blätter. Die zahlreichen Blüten werden bis zu 10 cm breit. Wie bei einer Margerite sitzen innen wie in einem Körbchen zahlreiche kleine, gelbe Blüten. Außen säumt sie ein Kranz auffälliger, weißer Zungenblüten.

Standort:
Die Gefiederte Kanarenmargerite ist als ein typischer Vertreter des Lorbeerwaldes anzusehen und z. B. bei Ribeiro Frio zu finden. In Gärten sowie an Rändern von Straßen und Levadas sieht man sie auch oft als Zierpflanze. Im Gegensatz dazu besiedelt die Fleischige Kanarenmargerite (s. S. 78) nur einen schmalen Küstenstreifen. Eine dritte Unterart, Argyranthemum pinnatifidum montanum, ist im Gipfelbereich in ca. 1500 m Höhe zu finden.

Wissenswertes:
Bei den drei Unterarten von Argyranthemum pinnatifidum, die sich sehr unterschiedlichen Standorten angepasst haben, handelt es sich um Vorstufen eigener Arten. Die Kanarenmargeriten sind ein Beispiel, wie sich aus einer Stammform verschiedene Arten und Unterarten entwickelt haben. Ein häufiger Fall auf isolierten Vulkaninseln, die nach ihrer Entstehung von nur wenigen Pflanzenarten besiedelt wurden.

ESELS-PETERSILIE, SCHWARZE PETERSILIE, MELANOSELINUM
MELANOSELINUM DECIPIENS

BLÜTEZEIT
Von April bis Juli

MERKMALE
An der Spitze eines verholzten Stammes sitzen mehrere große, gelappte Blätter, die an Petersilie erinnern. Allerdings sind die Dimensionen völlig andere, denn die Pflanze kann bis zu 2,5 m hoch werden. Die kleinen weißen Blüten bilden dichte Dolden, ähnlich dem Bärenklau. Später entstehen daraus schwarze Früchte.

STANDORT:
Von Natur aus besiedelt die Esels-Petersilie feuchte bis nasse, schattige Standorte zwischen 500 und 800 m Höhe. Im Norden der Insel kommt sie in der unteren Zone des Lorbeerwaldes vor, z. B. am Weg von Ribeiro Frio zum Aussichtspunkt Balcões. Im Süden ist sie an Talgründen zu finden, wo sie ans Grundwasser gelangt. Hier und da wird sie in höheren Lagen noch als Viehfutter angebaut. In Jardim da Serra, São Roque do Faial u. a.

WISSENSWERTES:
Über die Pflanze ist wenig bekannt, sie ist auf Madeira und den Azoren endemisch. Als Doldenblütler zählen zu ihren nächsten Verwandten Petersilie, Fenchel und Sellerie. Doldengewächse weisen einen hohen Gehalt an ätherischen Ölen auf, viele dienen daher als Nahrungsmittel oder Gewürz. Für den Menschen scheint die Esels-Petersilie ungenießbar, wenn nicht sogar giftig zu sein.

135

MADEIRA-CINERARIE
PERICALLIS AURITA

Die Madeira-Cinerarie bevorzugt Höhenlagen zwischen 600 und 1400 m. Oft findet man sie in der Lorbeerwaldzone im Norden der Insel, wo sie im Schatten der Bäume oder an felsigen Stellen wächst. Auch gedeiht sie an feuchten Felswänden, häufig z. B. an den Levadas von Rabaçal.

WISSENSWERTES:
Die Cinerarien sind eine auf den makaronesischen Inseln endemischen Gattung. Von den insgesamt 14 Arten kommen 12 auf den Kanarischen Inseln vor. Jeweils nur eine auf Madeira und den Azoren. Alle lieben eine gewisse Feuchtigkeit und sind daher in den Lorbeerwäldern zu Hause. Früher stellte man sie zu den Greis- oder Kreuzkräutern (Gattung Senecio), die auf Madeira ebenfalls mit mehreren Arten vertreten sind. Von diesen unterscheiden sie sich u. a. durch die violetten oder weißen, nie aber gelben Zungenblüten.

BLÜTEZEIT
Von Mai bis August, vorwiegend Juni/Juli

MERKMALE
Die buschige Pflanze wird 0,5 bis 1,2 m hoch. Sie besitzt herzförmige, am Rand leicht gelappte, auf der Unterseite filzige Blätter. Ihre Blütenstände setzen sich aus vielen Korbblüten zusammen. Sie besitzen innen purpurviolette Scheibenblüten. Der äußere Rand aus Zungenblüten ist weiß bis blasslila.

Madeira-Ampfer
Rumex maderensis

Blütezeit
Von Mai bis August

Merkmale
Die Pflanze erinnert sehr an unseren Sauerampfer, ist aber deutlich größer (bis 1 m) und am Grund verholzt. Ihre dreieckigen oder wie eine Lanzenspitze geformten Blätter sind auffällig blaugrün und schmecken nur sehr schwach säuerlich. Die Stängel sind rötlich, ebenso die schütteren Blütenrispen.

Standort:
Der Madeira-Ampfer ist vor allem in der Lorbeerwaldstufe bis ca. 1200 m Höhe zu Hause. Aber auch bis hinab auf 200 m Höhe ist er zu finden. Er liebt eine gewisse Feuchtigkeit. Man findet ihn oft an Weg- und Levadarändern. An sumpfigen Standorten kommt er auch dort vor, wo der Wald gerodet wurde. Z. B. an der Felswand des Pico Grande. Die Pflanze ist auffällig und leicht zu finden.

Wissenswertes:
Die Art ist auf Madeira und den Kanaren endemisch. Es gibt auf Madeira noch mehrere andere Arten der Gattung Rumex, teils der ursprünglichen Flora angehörig, teils eingeschleppt. Sie sind durchweg kleiner als der Madeira-Ampfer und seltener. Der Gattungsname „Ampfer" stammt vom altgermanischen Wort „scharf" ab. Aller Rumex-Arten enthalten eine Mischung aus Kleesalz und Oxalsäure. In großen Mengen ist der Stoff für Mensch und Tier schädlich.

Grossblättriges Johanniskraut
Hypericum grandifolium

Ganzjährig, vorwiegend März bis August

Merkmale
Immergrüner Strauch, der 0,5 bis 1,5 Meter hoch wird. Die Blätter sind gegenständig, wie bei den meisten Johanniskrautarten. Sie sind 4-9 cm lang und verlängert-eiförmig. Die Blüten sind mit bis zu 4 cm recht groß. Junge Triebe und Blätter sind oft auffällig braunrot. Auf Madeira gibt es acht Arten.

Standorte:
Das Johanniskraut wächst an feuchten, schattigen Stellen der oberen Küstenzone (ab ca. 300 Höhenmeter) bis in den Lorbeerwald.

Wissenswertes:
Johanniskraut heißt in Portugal „malfurada", was soviel bedeutet wie „vereitelt das Böse". Eine ähnliche Bedeutung hat der botanische Name, der sich aus dem griechischen „hypereikona" (gegen den Spuk) ableiten soll. Seit Urzeiten schrieb man dem Johanniskraut in Europa magische Kräfte zu. Am Johannistag (24. Juni) steckte man blühende Zweige in Fenster und Türen um böse Geister fernzuhalten. Bei einigen Arten entsteht beim Zerquetschen der Blüten ein roter Saft. In heidnischen Zeiten galt er als Blut des Sonnengottes, der sich zur Sommersonnenwende der weibl. Erbgottheit opferte. Die Symbolik wurde im Christentum auf Johannes den Täufer übertragen. Die Farbe kommt vom kristallinen Hypericin in den Blüten.

Zweifarbiger Schöterich, Madeira-Schöterich
Erysimum bicolor

Unter den auffällig blühenden Pflanzen ist der Zweifarbige Schöterich im Lorbeerwald am häufigsten. An vielen schattigen Stellen entlang der Levadas in der Lorbeerwaldzone ist er zu entdecken. Von Natur aus besiedelt er felsige Standorte. Man findet ihn von der Küste bis in die hohen Gebirgsregionen.

Blütezeit
Ab November, vorwiegend aber März bis Mai

Wissenswertes:
Auf den Kanarischen Inseln ist der Zweifarbige Schöterich ebenfalls vertreten. Außerhalb des makaronesischen Florenbereichs kommen fast nur gelb blühende Erysimum-Arten vor. Darunter befinden sich auch einige als Gartenpflanzen verwendete Züchtungen, z. B. der Goldlack-Schöterich mit großen orangegelben Blüten. Am Ende der Blütezeit bilden sich ca. 10 cm lange Schoten, daher der Name Schöterich. Die Gattung zählt zu der Familie der Kreuzblütler und ist daher mit den Kohlgewächsen verwandt.

Merkmale
Der bis über 1 m hohe Busch besitzt schmale immergrüne Blätter mit leicht gesägten Rändern. Die jeweils vier Blütenblätter stehen sich kreuzförmig gegenüber. Die jungen Blüten sind zunächst weiß bis gelblich und färben sich später rosa bis violett. Kurz vor dem Verwelken werden sie dann wieder weiß.

Madeira-Storchschnabel
Geranium maderense

Blütezeit
Von März bis September

Merkmale
Die bis zu 1 m hohe Pflanze hat stark gefiederte, dunkelgrüne Blätter. Die unteren Blätter neigen sich als Rosette an langen, violetten Stängeln starr zum Boden herunter. Die Einzelblüten sitzen in einem dichten, kugelförmigen Schopf auf dem Blattwerk. Sie sind rundlich und bestehen aus fünf pinkfarbenen Blütenblättern.

Standort:
Der Madeira-Storchschnabel lebt an felsigen Stellen in höheren Lagen des Lorbeerwaldes (bis 1500 m Höhe). Am natürlichen Standort ist er sehr selten. Dafür wird er aber häufig in Gärten und Parks gepflanzt, z. B. bei Ribeiro Frio.

Wissenswertes:
Dem Madeira-Storchschnabel ähnelt der häufigere, ebenfalls endemische Anemonenblättrige Storchschnabel (Geranium palmatum). Dieser ist zarter und hat orangefarbene Staubbeutel, im Gegensatz zu den roten beim Madeira-Storchschnabel. Außerdem gibt es noch sieben weitere Geranium-Arten. Sie sind zum Teil auch aus Mitteleuropa bekannt. Z. B. der Stinkende Storchschnabel (Geranium robertianum), dessen Blätter beim Zerreiben unangenehm riechen. Der deutschen Gattungsname spielt auf die Storchschnabelform der Früchte an. Die als Balkonpflanzen bekannten „Geranien" gehören der verwandten Gattung Pelargonium an.

SCHOPF-KANARENFINGERHUT
ISOPLEXIS SCEPTRUM

BLÜTEZEIT
Vorwiegend von Juni bis August, oft auch noch im September

MERKMALE
Der Strauch kann bis über 3 m hoch werden. Seine Blütenstände sind hoch und auffallend orangefarben. Die immergrünen, spitz zulaufenden Blätter sind rosettenartig um die Zweige angeordnet.

STANDORTE:
Dieses eindruckvolle und attraktive Gewächs findet man im Lorbeerwald an lichten Stellen oder im benachbarten Heidegebüsch. Am natürlichen Standort ist die Pflanze sehr selten. Ihr Vorkommen beschränkt sich heute auf steile, praktisch unzugängliche Schluchten. Schöne gepflanzte Exemplare sind in den Parks von Ribeiro Frio und Queimadas zu bewundern. Hier und da ist der Schopffingerhut auch entlang der Levadas heimisch geworden.

WISSENSWERTES:
Bei dem Madeira-Endemiten handelt es sich um einen Verwandten unseres Fingerhuts. Er ist auch ähnlich giftig. Auf den Kanarischen Inseln gibt es drei ähnliche Arten, die ebenfalls orange blühen. Dort wurde beobachtet, dass Schopf-Kanarenfingerhüte durch eine einheimische Vogelart, den Zilpzalp (Phylloscopus collybita) bestäubt werden. Allerdings kommen diese Vögel auf Madeira nicht vor.

141

Roter Fingerhut, Purpur-Fingerhut
Digitalis purpurea

Blütezeit
Von März bis September

Merkmale
Die krautige Pflanze wird ca. 0,5 bis 1 m hoch. Ihre großen, purpurroten Blüten reihen sich an einem langen Stängel. In ihrem rachenförmigen Schlund sind sie gefleckt. Hingegen ist der Schopffingerhut (Isoplexis sceptrum), ein auf Madeira endemischer Verwandter, größer und orangeblühend (s.S.141).

Standort:
Der Rote Fingerhut ist vor allem in der Lorbeerwaldstufe sehr häufig. Man findet ihn an lichten Stellen an Weg- und Straßenrändern. Auch dort, wo der Wald schon vor langer Zeit abgeholzt wurde, ist er verbreitet, z. B. an der Levada do Paúl oder am Südhang des Pico Grande. Er gedeiht auch in der Gipfelzone, wo er u. a. am Weg vom Pico do Arieiro zum Pico Ruivo zu sehen ist.

Wissenswertes:
Der Rote Fingerhut ist sehr giftig, aber in Europa auch seit jeher ein wichtige Arzneipflanze. Die in den Blättern enthaltenen Digitalis-Glycoside beeinflussen den Herzmuskel und finden daher bei Herzkrankheiten Anwendung. Man pflückte die Blätter während der Blütezeit, extrahierte die Wirkstoffe und stellte sie auf einen bestimmten Wirkwert ein. Heute werden Glycoside künstlich hergestellt. Zur Eigenbehandlung ist die giftige Pflanze nicht geeignet.

MÄRZ-VEILCHEN, WOHLRIECHENDES VEILCHEN
VIOLA ODORATA

BLÜTEZEIT
Von Oktober bis Juli

MERKMALE
Die dunkelvioletten Blüten duften sehr angenehm. Alle Blätter stehen am Grund der Pflanze, sind nierenförmig, am Rand fein gekerbt und mehr oder weniger behaart. Sie können unterschiedlich groß sein, in einigen Fällen bis 10 cm. Der bis 25 cm lange Blütenstiel entspringt der Blattrosette und ist selbst blattlos.

STANDORT:
Die zarte Pflanze lebt im Lorbeerwald und den angrenzenden Bereichen, aber immer oberhalb 400 m. Sie benötigt Schatten und Feuchtigkeit. Man trifft sie entlang vieler Levadas an. Z. B. an der Levada da Serra zwischen Camacha und Portela oder an der Levada do Central oberhalb von Porto Moniz.

WISSENSWERTES:
Das März-Veilchen ist auch in Mitteleuropa bekannt, wo es einer der ersten Frühjahrsblüher ist. Auf Madeira und den Kanaren wird es von Botanikern als eigene Unterart (Viola odorata maderensis) angesehen. Auf Madeira und in Mitteleuropa heimisch ist das Hain-Veilchen (Viola riviniana). Seine Blüten sehen denen des März-Veilchens ähnlich, duften jedoch nicht und erscheinen ganzjährig. Die Blätter sind herzförmig, unbehaart und sitzen sowohl am Grund als auch am Blütenstiel. Die Samen beider Arten werden von Ameisen verbreitet.

143

Venusnabel, Hängendes Nabelkraut
Umbilicus rupestris

Blütezeit
Von April bis Juni

Merkmale

Die fleischigen, am Rand gekerbten Grundblätter sind wie ein Schild geformt. Der Stiel setzt in der Mitte an. Dort ist das Blatt nabelförmig eingesenkt. Am aufrechten, 10 bis 50 cm langen Stängel bilden sich kleine, nierenförmige Blätter. Zu mehr als der Hälfte ist der Stängel dicht mit grünweißen Röhrenblüten besetzt.

Standort:

Der Venusnabel bevorzugt feuchte, schattige Standorte. Meist in Fels- oder Mauerspalten. In der Lorbeerwaldzone ist er sehr verbreitet und kommt dort in Höhenlagen bis über 1000 m vor, z. B. unterhalb des Pico Grande oder am Weg zwischen Eira do Serrado und Curral das Freiras. Aber auch unterhalb des Lorbeerwaldgebietes ist der Venusnabel an geeigneten Stellen anzutreffen.

Wissenswertes:

Eine verwandte Art, das Waagrechte Nabelkraut (Umbilicus horizontalis), ist ebenfalls auf Madeira verbreitet. Seine Stängel sind nur etwa im oberen Drittel mit Blüten besetzt. Sie sind im Gegensatz zum Venusnabel fast ungestielt und stehen waagrecht ab. Beide Arten kommen auch im gesamten Mittelmeerraum vor, der Venusnabel darüberhinaus noch in Westeuropa bis zu den Britischen Inseln.

MADEIRA-KNABENKRAUT
DACTYLORHIZA FOLIOSA

BLÜTEZEIT
Mai bis Juli

MERKMALE
Der unseren Knabenkräutern recht ähnliche Endemit wird bis zu 60 cm hoch. Damit ist er die größte wildwachsende Orchidee Madeiras. Die Blüten sind rosarot, messen bis zu 2,5 cm und sind in kegelförmigen, manchmal 30 cm langen Blütenständen angeordnet. Die langen schmalen Blätter ziehen sich im Winter zurück.

STANDORT:
Die Pflanze liebt Schatten und Feuchtigkeit. Im Lorbeerwald auf der Nordseite ist sie vor allem in Höhen zwischen 600 und 1000 m zu finden. Sie ist relativ häufig und gedeiht entlang vieler Levadas. Z. B. an der Levada do Furado zwischen Ribeiro Frio und Portela, auch bei Queimadas und Rabaçal. Wanderer finden sie unter der Südwand des Pico Grande sowie in der Nähe des Encumeada-Passes. Angepflanzt ist sie bei der Forellenzucht von Ribeiro Frio.

WISSENSWERTES:
Bei den Knabenkräutern unterscheiden die Botaniker die beiden ähnlichen Gattungen Orchis (Felsknabenkraut, s. S. 167) und Dactylorhiza anhand der unterschiedlichen Knollen. Beide sind auf Madeira vertreten. Wenn man noch nicht aufgeblühte Exemplare vergleicht, ist festzustellen, dass die Blütentriebe bei Dactylorhiza vom Austrieb an offen liegen, während sie bei Orchis von der Blattscheide eingehüllt sind.

Zweiblättriger Grünstendel, Gennarie
Gennaria diphylla

Blütezeit
Von Dezember bis Mai

Merkmale
Der Zweiblättrige Grünstendel ist mit seinen kleinen gelblich-grünen Blüten recht unscheinbar. Bis zu 40 Einzelblüten sitzen an einem Stängel, alle nach einer Seite gewendet. Die 10-20 cm hohen Pflanzen stehen meist in Gruppen und haben jeweils ein oder zwei herzförmige Blätter ohne Stiel.

Standort:
Die Pflanze kommt in der unteren Lorbeerwaldzone in ca. 600 bis 900 m Höhe vor. Sie liebt schattige und feuchte Standorte, entweder im Lorbeerwald oder im Baumheide-Buschwald. Wanderer können sie z. B. an der Levada da Serra oberhalb von Portela sehen, oder auf dem Weg zum Aussichtspunkt Balcões bei Ribeiro Frio. Einige Exemplare finden sich auch auf dem Weg vom Eira do Serrado nach Curral das Freiras und in der Quinta do Santo da Serra.

Wissenswertes:
Außerdem kommt die Pflanze noch auf den Kanarischen Inseln, Marokko, Portugal und im westlichen Mittelmeerraum vor. Von den wilden Orchideen auf Madeira ist der Grünstendel die häufigste. Mit rund 25000 Arten sind Orchideen die größte Familie der Blütenpflanzen. Die meisten leben in tropischen und subtropischen Gebieten der Erde. Verwunderlich ist, dass auf Madeira nur fünf Arten heimisch sind.

Neotinea, Gefleckte Waldwurz, Keuschorchis
Neotinea maculata

Blütezeit
Von April bis Juni

Merkmale
Die Pflanze wird einschließlich Blütenstand bis zu 25 cm hoch. Dicht beieinander sitzen am Kopf des Stängels zahlreiche weiß-bräunliche, in Helmform fast geschlossene Blüten. Sie duften nach Vanille. Die namengebenden dunklen Flecken befinden sich in Reihen auf den länglich spitzen Blättern.

Standort:
Die recht seltene Orchidee bevorzugt die Höhenlagen der Lorbeerwaldstufe (600 bis 1200 m), ist aber eher lichtliebend. Daher wächst sie vorwiegend auf der Südseite der Insel im verhältnismäßig trockenen Heidegebüsch, auf Bergwiesen oder schütter begrünten Böschungen. Wanderer können sie auf den Wegen Boca da Corrida - Pico Grande und Pico Ruivo - Encumeada-Pass entdecken.

Wissenswertes:
Neben Madeira ist Neotinea maculata auf den feuchteren Kanareninseln, im Mittelmeerraum, an der portugiesischen und spanischen Atlantikküste und sogar in Irland heimisch. Ihren zweiten deutschen Namen, Keuschorchis, verdankt sie ihren stets fast geschlossenen Blüten. Damit unterscheidet sie sich von den meisten Orchideen, bei denen der breite untere Blütenteil, die Lippe, Insekten als Landeplatz dient und somit zum Bestäuben der Blüte einlädt.

WOODWARD-FARN, WURZELNDER KETTENFARN
WOODWARDIA RADICANS

BLÜTEZEIT
Sporen von April bis August

MERKMALE
Die zweifach gefiederten, kräftigen Wedel des Farns werden bis zu 3 m lang. Die Fiedern erreichen bis 30 cm Länge. Wie Ketten sind die Sporenkapseln in zwei Reihen entlang der Mittelrippe unter den Fiedern angeordnet. Ältere Wedel entwickeln an den Spitzen Brutknospen, mit denen sich die Pflanze vegetativ vermehrt.

STANDORT:
Als charakteristische Pflanze des Lorbeerwaldes besiedelt der Woodward-Farn vorwiegend feuchte und schattige Standorte. Aber auch an lichteren Stellen, z. B. an Weg- oder Straßenrändern, kann er gedeihen. Dort bleibt er allerdings deutlich kleiner. Oft bedeckt er größere Flächen in Talkesseln, an Felswänden und Böschungen. Der Farn ist sehr häufig anzutreffen.

WISSENSWERTES:
Die Woodward-Farn ist der größte wildlebende Farn Madeiras. Wie man aus Fossilfunden weiß, ist er schon seit über zwei Millionen Jahren auf Madeira heimisch. Es handelt sich um eine Reliktart, die unter warmfeuchten Klimabedingungen im Tertiär auch in Mitteleuropa verbreitet war. Während der Eiszeit zog sich die frostempfindliche Pflanze zurück und überlebte im milden Klima Madeiras, der Kanaren und Azoren, sowie vereinzelt in Südeuropa und Nordwestafrika.

Kanaren-Kriechfarn, Kanaren-Strickfarn
Davallia canariensis

Blütezeit
keine

Merkmale

Die ca. 20-40 cm langen Wedel dieses sehr häufigen Farns stehen in auffälliger Weise einzeln. Sie entspringen einem teilweise oberirdisch kriechenden, fingerdicken Rhizom (Wurzelstock). Dieses ist ebenso wie die Stiele rötlich behaart. Im Sommer sterben die Wedel ab. Sie treiben im Herbst wieder aus.

Standort:

Der Kanaren-Kriechfarn ist sowohl im Lorbeerwald als auch im angrenzenden Heidegebüsch an schattigen bis halbschattigen Stellen verbreitet. Besonders gut gedeiht er an felsigen Stellen oder auf Mauern, z. B. an Levadas. Gelegentlich wächst er auch epiphytisch (also auf Bäumen, wie z. B. dem Stinklorbeer).

Wissenswertes:

Außer auf sämtlichen makaronesischen Archipelen (Azoren, Madeira, Kanaren, Kapverden) ist der Kanaren-Kriechfarn noch in Marokko und auf der Iberischen Halbinsel heimisch. Fossilfunde aus dem Tal von São Jorge zeigen, dass er gemeinsam mit anderen Bewohnern des Lorbeerwaldes schon im Pliozän (vor ca. 2 Mio. Jahren) auf Madeira Fuß gefasst hatte. Bemerkenswert sind die deutlich erkennbaren Sporenkapseln (Sori) an der Unterseite der Wedel. Sie stehen am Rand der doppelten Fiedern. und sind von schüsselartigen Hüllen umgeben.

149

LORBEERWALD

FRAUENHAARFARN, VENUSHAAR
ADIANTUM CAPILLUS VENERIS

BLÜTEZEIT

Das ganze Jahr über findet man diesen Farn in grünem Zustand. Die Sporen sind von Juli bis Oktober reif.

MERKMALE

Der Frauenhaarfarn ist der zarteste unter den Farnen auf Madeira. Er hat hellgrüne Wedel, die zwei- bis vierfach gefiedert sind. Die einzelnen, mehrere Millimeter breiten, sehr dünnen Fiedern haben die Form kleiner Fächer. Am oberen Rand sind sie gelappt. Die Pflanze wird zwischen 10 und 60 cm hoch.

STANDORT:

Der recht häufige Frauenhaarfarn verträgt kein direktes Sonnenlicht. Daher findet man ihn immer an schattigen, oft sogar dunklen Stellen im Lorbeerwald. Er besiedelt Felswände, an denen ständig Wasser herunterrinnt, steht bei Brunnen oder Quellen und sogar in Höhlen.

WISSENSWERTES:

Als zierendes Beiwerk findet er häufig in Blumengeschäften in Nord- und Mitteleuropa Verwendung. Früher behandelte man Atemwegserkrankungen mit ihm. Der Frauenhaarfarn gehört zu den Tüpfelfarngewächsen, mit über 200 Arten in allen wärmeren Gegenden der Erde. Der hier vorgestellte wird auch als der Echte Frauenhaarfarn bezeichnet. Alle Frauenhaarfarne lassen sich in Kultur sehr leicht ungeschlechtlich vermehren, durch Teilung der gesamten Pflanze oder durch Abtrennung von Wurzelausläufern. Wesentlich schwieriger ist es Farne aus Sporen zu züchten.

150

TELLERFARN, NIERENBLÄTTRIGER FRAUENHAARFARN
ADIANTUM RENIFORME

BLÜTEZEIT
keine

MERKMALE

Dem Tellerfarn sieht man seine Verwandtschaft mit dem Frauenhaarfarn (s. S. 150) nicht an. Er hat nierenförmige, nicht unterteilte Wedel, die wie Blätter einer Blütenpflanze aussehen und recht robust sind. Durch die Sporenbehälter an der Unterseite der Wedel lässt sich die 5-20 cm hohe Pflanze als Farn identifizieren.

STANDORT:

Der eher seltene Tellerfarn ist vor allem in der Lorbeerwaldzone bis 1000 m Höhe zu Hause. Gut gedeiht er entlang der Levadas an den Felswänden. Er verträgt vergleichsweise viel Trockenheit und kann in schattigen Felsspalten bis zur Küste hinunter vorkommen.

WISSENSWERTES:

Außer auf Madeira kommt der Tellerfarn auf den Kanaren und den Kapverdischen Inseln vor. Darüber hinaus gedeiht er in Teilen Westafrikas und Ostasiens sowie auf Madagaskar. Dieses eigenartige Verbreitungsmuster verdankt er der Tatsache, dass Farne wie alle Sporenpflanzen sich viel leichter über große Entfernungen hinweg ausbreiten können als Blütenpflanzen. Die Sporen können monatelang mit den Winden in der Atmosphäre kreisen, bevor sie irgendwo abgelagert werden und sich dort Jungpflanzen entwickeln. Bei den schweren Samen der Blütenpflanzen ist dies nicht möglich.

Lebermoose
Hepaticae

Blütezeit
keine

Merkmale

Der Thallus (Vegetationskörper) vieler Lebermoose ist flach und haftet fest am Boden oder auf Felsen. Er besteht aus gewundenen, vielfach verzweigten und vernetzten Bändern oder Streifen, die oft gewellt sind. Die Färbung ist grün oder rötlich. Es gibt auch blättrige Lebermoose, die zu den Laubmoosen überleiten.

Standort:

Lebermoose benötigen eine fast permante Feuchtigkeit, da sie Wasser über ihre oberflächlichen Organe und nicht über Wurzeln aufnehmen. Sie sind charakteristisch für eine Pflanzengesellschaft, die steile Hänge und Felswände im Lorbeerwald besiedelt. Die Lebermoose sind an vielen Levadas in dieser Zone zu sehen.

Wissenswertes:

Wegen der oft rötlichen Färbung brachte man die Lebermoose früher mit der Leber in Verbindung. Der Glaube sie könnten Erkrankungen des Organs heilen, wurde von der Medizin allerdings nicht bestätigt. Auf Madeira sind etwa 170 Lebermoos-Arten von Natur aus heimisch. Lebermoose gehören wie Algen, Pilze, Flechten und Laubmoose zu den niedrigen Pflanzen, von denen insgesamt fast 1900 Arten auf Madeira unterschieden wurden. Ob es darunter Endemiten gibt, ist noch nicht bekannt, da detaillierte Forschungen fehlen.

Bartflechte
Usnea barbata

Blütezeit
keine

Merkmale

Die Bartflechte wächst stets epiphytisch, also auf Bäumen oder Sträuchern. Dort bildet sie grünlichgraue, lange Bärte, die von den Zweigen herabhängen. Die einzelnen Fäden sind stark verzweigt. Im reifen Stadium finden sich an den Fäden zuweilen große Fruchtkörper. Sie sind scheibenförmig mit einem Wimpernkranz.

Standort:

Auf Madeira ist die Bartflechte an Standorten mit hoher Luftfeuchtigkeit sehr häufig. Sie kommt von Natur aus sowohl im Lorbeerwald als auch in den angrenzenden Buschwäldern vor. Bevorzugt wächst sie auf heimischen Heidearten (Baumheide, Besenheide). Heute findet man sie auch in aufgeforsteten Kiefernwäldern.

Wissenswertes:

Auf Madeira leben etwa 450 Flechtenarten. Die genaue Zahl ist unbekannt, ebenso wie viele davon eventuell endemisch sind. Hier eröffnet sich dem Spezialisten noch ein weites Forschungsfeld. Die Bartflechte ist allerdings ein Kosmopolit. In Mitteleuropa gedeiht sie z. B. in Bergwäldern mit großer Nebelhäufigkeit. Sie schadet ihren Wirtsbäumen nicht. Ohnehin wächst sie meist auf Totholz, also auf abgestorbenen Zweigen unterhalb des Kronendachs. Feuchtigkeit nimmt sie aus der Luft, Nährstoffe gewinnt sie aus der Zersetzung von Baumrinde.

Auf Felsen und im Gebirge

Auf der Hochebene Paúl da Serra und an den Hängen der höchsten Gipfel dehnte sich früher in Höhen über 1300 m ein Heidewald aus. In abflusslosen Senken ging er in ein Hochmoor über. Dieser Vegetationstyp ähnelte der Flora der norddeutschen Moor- und Heidegebiete. Ansätze von Hochmoorbildung mit Torfmoos lassen sich bis heute auf Paúl da Serra beobachten. Im angrenzenden Wald waren neben Baum- und Besenheide noch Gagelbaum, Zedernwacholder und Madeira-Heidelbeere vertreten. Die Bäume fielen in der Vergangenheit der Holzkohlegewinnung durch Köhler oder dem Brennholzeinschlag zum Opfer. Nach der Abholzung wurden die Flächen als Weideland für Schafe und Ziegen genutzt. Die verbliebenen Heidewälder, z. B. an der Bica da Cana und am Pico Ruivo, stehen heute unter Schutz. Andere Flächen sollen regeneriert werden. In der eigentlichen Gipfelregion herrschen extreme Klimaverhältnisse. Nachts gibt es im Winterhalbjahr fast täglich Frost. Tagsüber kann es bei Sonnenschein sehr heiß werden. Temperaturunterschiede von 20 Grad Celsius zwischen Tag und Nacht sind keine Seltenheit. Zudem sind die meisten Standorte felsig. Die Bodenkrume ist, falls vorhanden, sehr dünn. Nur wenige Pflanzen sind diesen Bedingungen gewachsen. Oft handelt es sich um Arten, deren Verwandte in den europäischen Gebirgen (Pyrenäen, Alpen usw.) leben. Sie wappnen sich durch spezielle Anpassung. Viele haben Rosetten- oder Polsterwuchs, wodurch sie ihre Oberfläche relativ klein halten. So sind sie gegen zu starke Verdunstung und gegen Erfrierung gleichermaßen geschützt. Steile Felswände trocknen besonders schnell aus. Pflanzen, die diese besiedeln, haben oft sukkulente Blätter, in denen sie Wasser für sonnige Wetterlagen speichern.

Felsstandorte weisen auch unterhalb der Gipfelzone eine ganz eigenständige Flora auf. An solchen Stellen wachsen viele Arten, die denen der felsigen Gipfelzone entsprechen oder mit ihnen verwandt sind. Manche hochspezialisierte Arten, wie z. B. das Drüsen-Äonium, gedeihen an Felswänden von den höchsten Gipfeln bis an die Küste hinab.

Ziegen sind so gute Kletterer, dass sie selbst steile Felswände noch abweiden. Bis vor wenigen Jahren wurden Tausende von ihnen in den Bergen Madeiras halbwild gehalten. Sie setzten der empfindlichen Gebirgsflora durch Verbiss arg zu. Vor einigen Jahren wurde die Weidewirtschaft auf eingezäunte Flächen begrenzt. In anderen Bereichen darf sich die Vegetation erholen. Durch ein solches Gebiet führt der berühmte Panoramaweg vom Pico do Arieiro zum höchsten Gipfel, dem Pico Ruivo. Auch am Pico Grande können Wanderer die Gebirgsflora kennenlernen.

ZEDERNWACHOLDER
JUNIPERUS CEDRUS

BLÜTEZEIT
Dezember bis März, im Frühjahr erscheinen die Beeren.

MERKMALE
Der bis 10 m hohe Nadelbaum
hat waagrecht vom Stamm
abstehende Äste. Von diesen
hängen die dünnen Zweige
mit den weichen, kurzen
Nadeln herunter. Die schoko-
ladenbraune Rinde ist samtig.
Die unseren Wacholderbeeren
sehr ähnlichen Früchte sind
zunächst grün und färben
sich dann rötlichbraun.

STANDORT:
Der Zedernwacholder ist eine Pflanze des
Berglandes, an felsigen Standorten steigt er
auch in die Lorbeerwaldzone hinab. Hier wie
dort ist er extrem selten geworden. Vielfach
findet man ihn heute aber angepflanzt,
so im Forstpark Ribeiro Frio, in Queimadas
oder im Jardim Tropical Monte Palace.

WISSENSWERTES:
Die Beeren wurden früher auf Madeira in der
Volksheilkunde genutzt (schmerzlindernd und
schweißtreibend), aber nicht als Küchenge-
würz. Durch Abholzung wurde der einstmals
häufige Baum im 15./16. Jh. stark dezimiert. Das
feste, gegen Insektenfraß resistente Holz fand z.
B. für die geschnitzte Decke der Kathedrale von
Funchal Verwendung. Der Zedernwacholder
ist eines der wenigen Nadelgehölze, das sich
auf Madeira von Natur aus gegen die schnell-
wüchsigeren Laubgehölze behaupten konnte.
Außerdem kommt er noch auf den Kanaren vor.

BAUMHEIDE
ERICA ARBOREA

BLÜTEZEIT
Von März bis Mai

MERKMALE
Die mit der Moorheide (Erica tetralix) eng verwandte Baumheide wird bis zu 5 m hoch und bildet einen dicken Stamm aus. Ihre weißlichen Blüten erscheinen zahlreich, sind aber unscheinbar. Von der Besenheide (s. S. 126) ist sie durch dunklere Blätter zu unterscheiden. Junge Zweige sind weißlich behaart.

STANDORT:
Die Baumheide bildete früher gemeinsam mit der Besenheide Wälder in der Gipfelregion oberhalb der Lorbeerwaldzone, wo es im Winter Frost gibt. An lichten Stellen und auf trockenen Bergrücken steigt sie bis 400 m hinab. Einen größeren Bestand gibt es noch an der Bica da Cana. Die Exemplare dort sind z. T. mehrere Jahrhunderte alt. Im Bereich des Pico Ruivo sind 2010 viele Bäume verbrannt.

WISSENSWERTES:
Die Baumheide hat einen hohen Brennwert und verbrennt geruchslos. Lange Zeit war die Gipfelregion Madeiras Allmende, das heißt jeder durfte dort Brennholz holen. Die einfache Bevölkerung heizte zwar nicht, doch wurden Backöfen und Herde befeuert. Das Köhlerhandwerk war weit verbreitet. Holzkohle wurde vorwiegend aus Baumheide gewonnen. So ist der Baum heute viel seltener als von Natur aus. Da große Flächen in den Bergen inzwischen unter Schutz stehen, erholen sich die Bestände wieder.

157

MADEIRA-HEIDELBEERE
VACCINIUM PADIFOLIUM

BLÜTEZEIT

Von Mai bis Juli. Die Früchte erscheinen August bis Oktober.

MERKMALE

Im Gegensatz zu unserer Heidelbeere wird die Madeira-Heidelbeere mehrere Meter hoch. Ansonsten ähneln sie sich sehr. Ihre kleinen, am Rand leicht gesägten Blätter stehen quirlförmig um rötliche Zweige. Die glöckchenförmigen, Blüten sind weiß mit rosa Flecken. Aus ihnen entwickeln sich tiefblau gefärbte Beeren.

STANDORT:

Im zentralen Bergland ist die Madeira-Heidelbeere eine charakteristische Pflanze des dort heimischen Baumheidewaldes. Durch den nächtlichen Frost färbt sich ihr Laub im Winter an diesen Standorten rot. An lichten, trockenen Stellen ist sie aber auch in der Lorbeerwaldzone verbreitet. Dort bleibt sie immergrün. Wanderer finden sie z. B. an den Levadas bei Ribeiro Frio, Queimadas und Rabaçal. Sehr häufig sieht man sie auch entlang der Straße vom Poiso-Pass zum Pico do Arieiro.

WISSENSWERTES:

Die Früchte der endemischen Madeira-Heidelbeere sind essbar. Von der einheimischen Bevölkerung werden sie allerdings kaum genutzt, da sie recht säuerlich sind. Gelegentlich bekommt man als Dessert pudim de uva da serra (Heidelbeerpudding). Traditionell wird Marmelade aus den Beeren gekocht, die als Heilmittel gegen Husten und Schnupfen Verwendung findet.

STOLZ MADEIRAS
ECHIUM CANDICANS

BLÜTEZEIT
Von Mai bis Juli

MERKMALE
Der Stolz Madeiras ist die wohl attraktivste aller endemischen Blütenpflanzen. Der bis 1,5 m hohe Strauch ähnelt sehr dem Prächtigen Natternkopf (s. S. 65). Seine kerzenförmigen Blütenstände sind jedoch sehr viel schlanker, spitzer und ca. 30 cm lang. Die zahlreichen Blüten leuchten kräftig violett bis dunkelblau.

STANDORT:
An felsigen Hängen kommt der Stolz Madeiras ab 800 m Höhe schon in der Lorbeerwaldzone vor. Z. B. am Hang zwischen Eira do Serrado und Curral das Freiras oder unterhalb des Pico Grande. Darüber hinaus findet man ihn bis in den Bereich der höchsten Gipfel, zahlreich u.a. am Weg vom Pico do Arieiro zum Pico Ruivo. Häufig wächst er entlang von Straßenrändern, z. B. zwischen Serra de Agua und Encumeada oder in Parks wie Ribeiro Frio und Queimadas.

WISSENSWERTES:
Stolz Madeiras ist eine Übersetzung des englichen Namens „Pride of Madeira". Ähnliche Beszeichnungen ersannen sich britische Botaniker in vielen exotischen Ländern für die dortigen „Nationalpflanzen", also die schönsten jeweils dort heimischen Arten. Ebenfalls ein Natternkopf ist der Stolz Teneriffas. Zudem gibt es noch einen Stolz Boliviens, einen Stolz von Barbados und einen Stolz von Trinidad.

Schwarzaugen-Strohblume
Helichrysum melaleucum

Die Schwarzaugen-Strohblume besiedelt Felsstandorte im Inselinneren, z. B. am Weg zwischen Pico do Arieiro und Pico Ruivo. Auch in den Felsabhängen der Nordküste kommt sie vor. Zwei verwandte, ebenfalls endemische Arten sind auf die felsige Küstenzone (bis 150 m Höhe) beschränkt: Die Kegelkopf-Strohblume (Helichrysum obconicum) hat elliptische Blätter und gelbe Blüten. Die seltene Lourenço-Strohblume (Helichrysum devium) ähnelt der Schwarzaugen-Strohblume, ihre Blätter haben aber drei Nerven. Die Blüten schimmern rosa mit einem purpurnen Fleck.

Wissenswertes:
Die Blüten der Strohblumen welken nicht. So hat man sie im Mittelmeerraum schon immer zum Flechten von Blumenkränzen verwendet. Auf Madeira setzten die Teilnehmer der Gelübde-Prozession am ersten Mai Kränze aus den Blüten der Schwarzaugen-Strohblume auf.

Blütezeit
März bis Juni, manchmal bis in den August hinein.

Merkmale
Der kleine Strauch gehört zu den Korbblütlern. Er wird bis 0,5 m hoch. Seine filzig-behaarten, graugrünen Blätter sind schmal, laufen spitz zu und weisen nur einen Blattnerv auf. Die kleinen Blüten sind weiß mit einem schwarzen Fleck in der Mitte. Sie sitzen zu mehreren an den Blütenstängeln.

KAUKASISCHE GÄNSEKRESSE
ARABIS CAUCASICA

BLÜTEZEIT
Von März bis Juli

MERKMALE
Das bis zu 20 cm hohe Kraut gehört zu den Kreuzblütlern, bei denen sich vier Blütenblätter zum Kreuz angeordnet gegenüber stehen. Die duftenden Blüten sind weiß und sitzen zu mehreren an dünnen Stielen, die aus Blattrosetten wachsen. Länglich und am Rand gezähnt sind die zartgrünen Blätter.

STANDORT:
Die Kaukasische Gänsekresse besiedelt Felswände ab 200 m Höhe, ist allerdings vorwiegend in der Gebirgszone zu finden. Recht häufig kommt sie am Weg von der Boca da Corrida zum Pico Grande vor. Ihr Verbreitungsgebiet erstreckt sich auf ganz Südeuropa, Kanarische Inseln bis nach Vorderasien.

WISSENSWERTES:
Ob Arabis caucasica auf Madeira wirklich zur ursprünglichen Flora gehört, ist zweifelhaft. Vielleicht wurde sie als Zierpflanze eingeführt und ist dann verwildert. Von der sehr ähnlichen Art Arabis alpina, die in den Alpen bis in 3000 m Höhe lebt, ist sie nur schwer abzugrenzen. Auch in Mitteleuropa gibt es verwandte Arten: Die Kahle Gänsekresse (Arabis glabra) und die Rauhaarige Gänsekresse (Arabis hirsuta). Beide gehören der attraktiven Trockenrasenflora an, benötigen kalkhaltige Böden und sind eher selten.

MADEIRA-STEINBRECH
SAXIFRAGA MADERENSIS

BLÜTEZEIT
Von April bis Juni

MERKMALE
Die flache polsterförnige Pflanze wird maximal 15 cm hoch. Ihre kleinen, halbkreisförmigen, stark zerlappten Blätter bilden ein dichtes Blattwerk. Aus diesen treiben zahlreiche dünne Blütenstiele, an denen jeweils mehrere kleine, weiße Blüten sitzen. Diese weisen fünf Blütenblätter auf.

STANDORT:
Der Madeira-Steinbrech besiedelt Ritzen in Felswänden, wo kaum andere Pflanzen Fuß fassen können. Er ist vor allem für die Gipfelzone charakteristisch, wo man ihn z. B. am Rand des Panoramaweges vom Pico do Arieiro zum Pico Ruivo findet. Aber auch hinab bis 500 m Höhe kommt er vor, so am alten Saumpfad zwischen Eira do Serrado und Curral das Freiras.

WISSENSWERTES:
Der Madeira-Endemit weist sich durch seine flache Polsterform als Gebirgsbewohner aus. Die Pflanze kann unter einer Schneedecke starken Frost überdauern. Durch die geringe Oberfläche ist sie gegen Austrocknung bei starker Sonneneinstrahlung und gleichzeitig gefrorenem Boden gefeit. Die nächsten Verwandten leben in den Pyrenäen, auf Korsika und in den Alpen. Dort bis in die größten Höhen, die Blütenpflanzen überhaupt erreichen können. Der Name bezieht sich auf den steinigen Standort.

162

MADEIRA-VEILCHEN
VIOLA PARADOXA

BLÜTEZEIT
Von April bis Juli

MERKMALE
Die polsterförmige, an der Basis oft verholzte Pflanze wird maximal 20 cm hoch. Sie treibt eine ganze Reihe von kleinen, leuchtend gelben Blüten. Sie erinnern an gelbe Stiefmütterchen. Von den fünf Blütenblättern besitzt das untere einen kleinen Sporn. Die grüngrauen Blätter sind schmal und zahlreich.

STANDORT:
Die auf Madeira endemische Pflanze ist ein charakteristischer Vertreter der Gebirgsflora. Ihr Vorkommen beschränkt sich auf felsige Standorte oberhalb von 1600 m. Auf dem Gipfelweg zwischen Pico do Arieiro und dem Pico Ruivo können Wanderer sie häufig sehen, seit dort die Weidewirtschaft eingeschränkt worden ist. Wer nicht wandert findet die Pflanze in Töpfe gepflanzt bei der Forellenzucht in Ribeiro Frio.

WISSENSWERTES:
Den botanischen Namen „paradoxa" verdankt das Madeira-Veilchen seinen gelben Blüten. Die meisten anderen Veilchen blühen violett. Mit dem Scorpionsveilchen (Viola scorpiuroides) existiert eine ähnliche, ebenfalls gelb blühende und Polster bildende Art im östlichen Mittelmeerraum. Das Stiefmütterchen (s. Merkmale) in seiner gelben Variante ist eine Züchtung aus dem Gelben Veilchen (Viola lutea) der Alpen.

DRÜSENÄONIUM
AEONIUM GLANDULOSUM

BLÜTEZEIT
Von April bis Juni

MERKMALE

Das Dickblattgewächs bildet tellerförmige, etwa 20 cm breite Rosetten, die an Felswänden regelrecht zu kleben scheinen. Vor der Blüte wachsen die Rosetten kegelförmig in die Höhe. Die äußeren Blätter färben sich dann rot. Aus den Kegeln treiben bis 25 cm hohe Blütenstände mit zahlreichen gelben Einzelblüten aus.

STANDORT:

Das endemische Drüsenäonium ist sehr flexibel. Es kommt von Meereshöhe bis in die Gipfelzone hinein vor. Stets wächst es an Felswänden, meist in größeren Gruppen. Besonders schön ist es z. B. an der Steilküste im Nordwesten zwischen São Vicente und Porto Moniz oder unterhalb des Pico das Torres am so genannten Tunnelweg vom Pico do Arieiro zum Pico Ruivo.

WISSENSWERTES:

Nur wenige Pflanzen können an steilen Felswänden Fuß fassen. Ihre Wurzeln holen das meist knappe Wasser und die Nährstoffe aus Spalten im Fels. Mit seinen sukkulenten (Wasser speichernden) Blättern ist das Drüsenäonium an Trockenheit angepasst. Durch die Rosettenform wird die Oberfläche gering gehalten, was die Verdunstung minimiert. Gegen die zerstörerische Kraft des Wassers, das nach Regenfällen oft sehr stark die Felsen hinabrinnt, ist die Pflanze durch den flachen Wuchs geschützt.

KLEBÄONIUM
AEONIUM GLUTINOSUM

BLÜTEZEIT
Von Mai bis September

MERKMALE

Das Klebäonium hat sukkulente (Wasser speichernde), spatelförmige, klebrige Blätter. Diese bilden Rosetten. Jede Pflanze hat mehrere solcher Rosetten, die auf verholzten Stielen sitzen. Dadurch entsteht der Eindruck eines kleinen Strauches. Aus jeder Rosette treibt ein langer Blütenstängel mit vielen sternförmigen, gelben Einzelblüten..

STANDORT:

Wie sein Verwandter, das Drüsenäonium (s. S. 164), lebt das Klebäonium von Natur aus an Felswänden. Oft kommen beide Arten gemeinsam vor, z. B. an den Steilhängen der Nordküste. Das Klebäonium geht aber selten über 800 m Höhe hinaus. In vielen Gärten der mittleren Höhenlagen ist es angepflanzt, meist an Mauern.

WISSENSWERTES:

Die mit Fetthenne und Hauswurz verwandte Gattung Aeonium beschränkt sich fast nur auf die Atlantikinseln. Von den etwa 40 bekannten Arten sind 35 auf den Kanaren endemisch, zwei auf Madeira und zwei auf den Kapverdischen Inseln. Wegen der kleinräumigen Verbreitung stehen sie alle unter internationalem Artenschutz. Die Vertreter der Gattung bilden untereinander gern Hybriden. So gibt es auch auf Madeira eine Hybridform zwischen den beiden Arten. Sie ähnelt vom Wuchs dem Drüsenäonium, hat aber klebrigere Blätter mit braunen Streifen.

AUF FELSEN UND IM GEBIRGE

ZOTTIGE FETTHENNE
AICHRYSON VILLOSUM

BLÜTEZEIT
Von April bis Juli

MERKMALE
Das winzige Dickblattge-
wächs (5-10 cm hoch) hat löf-
felförmige Blätter, die sich zur
Zeit der Blüte rötlich färben.
Die sternförmigen Blüten sind
kräftig gelb gefärbt, das Innere
oft noch etwas dunkler als der
Kranz von Blütenblättern. Die
Blüten haben einen Durch-
messer von ca. 1,2 bis 1,5 cm.

STANDORT:
Die Zottige Fetthenne besiedelt Felswände
in allen Höhenlagen, die weitgehend frostfrei sind (bis ca. 1300 m). In Küstengegenden
ist sie ebenso zu sehen wie im Bergland.
WISSENSWERTES:
Die Zottige Fetthenne ist auf Madeira und den
Azoren endemisch. Eine ähnliche Art, die Sper-
rige Fetthenne (Aichryson divaricatum), ist auf
Madeira beschränkt. Letztere wird etwas größer (bis 30 cm), hat länglichere Blätter und kleinere Blüten (6-8 mm). Sie blüht erst ab Juni und
besiedelt ebenfalls Felswände, allerdings fast
ausschließlich in der Lorbeerwaldzone (400-
1000 m). Beide Aichryson-Arten gedeihen auch
auf Stämmen und Ästen von Stinklorbeerbäu-
men. Diese „epiphytische" Lebensweise dient
dazu, in schattigen Wäldern näher ans Licht zu
kommen. Epiphyten unter den Blütenpflanzen
findet man ansonsten nur in tropischen Regenwäldern, vor allem bei Orchideen und Bromelien.

166

Felsknabenkraut
Orchis scopulorum

Mai bis Juni

Merkmale
Die sehr seltene wildwachsende Orchidee ähnelt unseren
aus Mitteleuropa vertrauten
Knabenkräutern. Sie wird
20 bis 40 cm hoch. Ihre rosa
Blüten sitzen an unregelmä-
ßigen etwa 9 cm langen und
6 cm breiten Blütenständen.
Häufiger ist das Madeira-
Knabenkraut (vgl. S. 145).

Standort:
Das Felsknabenkraut ist ein reiner Hochge-
birgsbewohner. Es wächst im Bereich der
höchsten Gipfel bis über 1800 Meter. Allerdings ist es an Felswänden auch tiefer in der
Lorbeerwaldzone zu finden. Z. B. unterhalb
des Aussichtspunkts Balcões bei Ribeiro Frio.
Ausreichend Feuchtigkeit muss vorhanden
sein. Die Pflanze ist empfindlich gegen
Verbiss, sie kann sich daher nur an Stellen
halten, wo keine Schafe und Ziegen weiden.

Wissenswertes:
Manche Wissenschaftler glauben, dass es sich
bei dem bislang als Madeira-Endemit einge-
stuften Felsknabenkraut lediglich um eine endemische Unterart des Manns-Knabenkrauts
(Orchis mascula) handelt, das sehr selten auf La
Palma, in Mitteleuropa und Nordwestafrika zu
finden ist. Dieses verdankt seinen Namen den
hodenförmigen Knollen, die auch für andere
Arten der Gattung Orchis charakteristisch ist.

Nutzpflanzen

Was für Ziergewächse gilt (s. S. 9), trifft auch auf die Nutzpflanzen zu: Aus aller Welt wurden sie nach Madeira importiert, oft schon in der Zeit der großen Entdeckungsfahrten. Die Insel diente dabei auch immer wieder als Sprungbrett zwischen der Alten und der Neuen Welt. So wurde das ursprünglich aus Asien stammende Zuckerrohr zunächst auf Madeira erfolgreich kultiviert. Über die Kanarischen Inseln gelangte es mit Christoph Kolumbus persönlich nach Amerika, wo sich heute die wichtigsten Anbaugebiete befinden. Aber auch eine so alltäglich anmutende Kulturpflanze wie der Weizen wurde über Madeira auf die Kapverdischen Inseln und von dort nach Brasilien getragen. Umgekehrt kamen später aus Amerika z. B. Cherimoya, Passionsfrucht, Guave und Surinamkirsche. Diese und andere empfindliche tropische Obstsorten konnte man auf Madeira heimisch machen. Auf dem europäischen Kontinent hingegen gelang dies meist nicht.

Besondere wirtschaftliche Bedeutung hatten auf Madeira immer die „culturas ricas" (reiche Kulturen), womit Zuckerrohr, Wein und Bananen gemeint sind. Zuckerrohr spielt heute für den Export keine Rolle mehr. Wein und Bananen hingegen sind weiterhin die wichtigsten Ausfuhrprodukte und beanspruchen die besten Anbauflächen. Die weniger guten Böden wurden stets mit Kulturen bestellt, die der Ernährung der Bevölkerung dienten: Weizen, Mais, Kartoffeln, Süßkartoffeln, Taro und vielerlei Gemüsesorten. Dieser Anbau muss angesichts der schwierigen Geländeverhältnisse in Handarbeit erfolgen. Er ist heute stark rückläufig, da vieles billiger importiert als auf der Insel produziert werden kann. Für den Eigenbedarf bauen viele Landwirte auf ihren kleinen Terrassenfeldern traditionell noch Pflanzen an, die in Mitteleuropa zwar bekannt sind, aber kaum oder gar nicht (mehr) gegessen werden, z. B. den Portugiesischen Kohl oder die Lupine.

Tropische Obstsorten hingegen spielen bei der Ernährung der Madeirenser eine geringere Rolle als allgemein angenommen wird. Sie waren immer teuer und kamen vorwiegend bei sehr wohlhabenden Familien auf den Tisch. Klöster, Großgrundbesitzer und britische Weinhändler kultivierten die exotischen Obstbäume in den Gärten ihrer Landgüter. Mit Beginn des Tourismus auf Madeira, also seit Ende des 19. Jhs. , erfolgte eine Ausdehnung des Anbaus auf Hausgärten und kleine Plantagen, um die Hotels zu beliefern. Bis heute werden die tropischen Früchte großenteils in Privatgärten im Nebenerwerb produziert. Exportiert wird nicht. Abnehmer für Papayas, Avocados, Mangos, Japanische Mispeln, Baumtomaten und vieles mehr sind spezialisierte Markthändler, Hotels und Restaurants.

Edelkastanie, Esskastanie
Castanea sativa

Blütezeit
Im Juni und Juli

Merkmale
Der um 15 m hohe Baum hat eine weißliche Rinde. Die bis zu 20 cm langen, schmalen Blätter sind zugespitzt und an der Seite gesägt. Die winzigen, gelblichen Blüten sitzen in langen, schmalen Kätzchen. Im Herbst reifen die stacheligen Früchte, die ein bis drei „Maronen" enthalten. Sie sind nussähnlich mit brauner Schale.

Standort:
In Höhenlagen zwischen 400 und 1000 m ist die Edelkastanie ein sehr häufiger Baum. Vielfach säumt er Levadas, z. B. die Levada da Serra bei Camacha oder die Levada do Caniçal bei Machico. Große Wälder gibt es rund um Curral das Freiras und oberhalb von Jardim da Serra.

Wissenswertes:
Die Edelkastanie wurde aus Südeuropa nach Madeira gebracht. Da der Baum in der Nebelzone oberhalb der Feldterrassen wächst, stand er nicht in Konkurrenz zu den „culturas ricas" (wörtl. reiche Kulturen) Zuckerrohr und Wein. Die stärkehaltigen Maronen waren für die ärmeren Bauern der höhergelegenen Dörfer wichtiges Nahrungsmittel. Sie waren ein Sattmacher in den Eintöpfen, die es täglich gab. Die Einheimischen verwenden die Maronen auch zum Kuchenbacken und zur Herstellung eines Likörs. Diese Spezialitäten können Besucher heute noch in Curral das Freiras probieren.

ANONA, CHERIMOYA, ZUCKERAPFEL
ANNONA CHERIMOLA

BLÜTEZEIT
Von Mai bis Juli. Die Früchte
sind in den Wintermonaten
bis ins Frühjahr hinein reif.

MERKMALE
Der bis 10 m hohe Baum hat
auffällig hängende, überdi-
mensional eiförmige Blätter.
Die rundlichen herzförmigen
Früchte sehen mit ihrem
Schuppenmuster aus wie
Zapfen. Ihre Schale ist dunkelgrün bis violettbraun und
ledrig. Sie können bis über 15
cm Durchmesser erreichen,
bleiben aber oft nur apfelgroß.

STANDORT:
Sowohl im Süden als auch im Norden gedeiht
die Anona von der Küste bis in ca. 400 m Höhe.
In Privatgärten, vereinzelt auch in kleinen Plantagen steht sie vor allem in den Stadtrandbe-
zirken von Funchal sowie bei Faial und Santana.

WISSENSWERTES:
Die Anona stammt aus den Hochländern von
Peru und Ecuador. Daher kann sie auch in kühleren Breiten bis nach Spanien kultiviert werden. Von dort wird sie neuerdings nach Mitteleuropa exportiert. Auf Madeira wird sie nur für
den Inselbedarf angebaut. Die Frucht kann in
unreifem, hartem Zustand einige Tage aufbe-
wahrt werden. Sie ist reif sobald sich die Schale
leicht eindrücken lässt. Dann sollte sie schnell
gegessen werden, da sie anschließend schnell
verdirbt. Ihr weißes Fruchtfleisch erinnert von
der Konsistenz an Birnen, hat aber ein eigenes
feines Aroma. Die Frucht wird ausgelöffelt,
die großen schwarzen Kerne isst man nicht.

AVOCADOBAUM
PERSEA AMERICANA

BLÜTEZEIT
Von Januar bis April. Die Früchte sind im Sommer bis in den frühen Herbst hinein reif.

MERKMALE
Der bis 12 m hohe Baum gehört zu den Lorbeergewächsen. Seine lorbeerähnlichen, lederigen Blätter sind recht groß. Die kleinen, unscheinbaren, grünen Blüten stehen in Rispen an den Spitzen der Zweige. An langen Stielen hängen später die festen, birnenförmigen Früchte. Sie sind je nach Sorte grün oder violettbraun.

STANDORT:
In Höhenlagen bis ca. 350 m wächst der Avocadobaum auf Madeira sowohl im Süden (z. B. in den Vororten von Funchal) als auch im Norden (z. B. bei Faial). Er steht entweder in kleinen Plantagen oder als Einzelbaum in Hausgärten. Mehrere schöne Exemplare sind im Botanischen Garten von Funchal zu sehen.

WISSENSWERTES:
In seiner Heimat, dem tropischen Mittel- und Südamerika, wurde der Avocadobaum schon in vorkolumbianischer Zeit kultiviert. Der deutsche wie auch der portugiesische Name (Abacate) leiten sich von den Indianerwort „auacatal" ab. Die Azteken ernährten sich nicht nur von den Früchten, sondern benutzten sie auch zur Hautpflege. Reif sind die Früchte, wenn die Haut auf Druck elastisch nachgibt. Das weiche Fruchtfleisch wird meist frisch verzehrt. Restaurants servieren die Früchte als Vorspeise, mit Vinaigrette oder Madeirawein beträufelt.

MANGOBAUM
MANGIFERA INDICA

BLÜTEZEIT

November bis Mai. Die Früchte kommen im Oktober auf den Markt.

MERKMALE

Der Mangobaum wird auf Madeira meist nur 3 bis 6 m hoch. Er hat eine dichte Krone mit langen, schmalen Blättern. Junge Blätter sind rot und hängen schlaff herunter. Bis zu 3000 winzige blassgelbe Blüten stehen in einer kegelförmigen Rispe. Die Früchte haben eine nierenförmige Gestalt und hängen an Stielen.

STANDORT:

Die empfindliche Pflanze gedeiht auf Madeira nur an sehr geschützten Standorten nahe der Südküste. Eine große Mangoplantage befindet sich in Fajã dos Padres. Ansonsten sieht man den Mangobaum vereinzelt in Privatgärten, z. B. in Lugar de Baixo. In Funchal ist er u. a. in der Quinta Vigia oder im Botanischen Garten vertreten.

WISSENSWERTES:

Der Mangobaum stammt aus Indien, wo er schon vor 4000 Jahren kultiviert wurde. Die Mango zählt zu den wichtigsten tropischen Obstsorten. Wegen ihres Eiweiß- und Vitamingehalts gilt sie als hochwertige Frucht. Im Herbst werden auf Madeira die heimischen Mangos verkauft: vorwiegend kleine, orangegelbe Früchte mit faserigem Fleisch. Ganzjährig werden außerdem die uns eher vertrauten größeren, faserfreien Sorten angeboten. Der größte Teil davon wird allerdings aus Südamerika nach Madeira importiert.

173

JAPANISCHE MISPEL, LOQUATE
ERIOBOTRYA JAPONICA

BLÜTEZEIT

Von Oktober bis Dezember. Die Früchte sind auf Madeira ca. von Februar bis April reif.

MERKMALE

Der um 6 m hohe Baum hat elliptische, derbe, glänzende Blätter. Diese sind von ausgeprägten Blattnerven durchzogen. Die blassgelben Blüten stehen auf behaarten Stielen in dichten Rispen. Aus ihnen entwickeln sich zahlreiche, orangegelbe, pflaumengroße Früchte mit samtiger Haut.

STANDORT:

Im Süden Madeiras gedeiht die Japanische Mispel bis in 800 m Höhe, im Norden nur bis etwa 400 m. Die Bäume stehen meist einzeln in Privatgärten oder in gemischten Obstplantagen mit Avocadobäumen und Anonas. Die Levada do Central (oberhalb von Porto Moniz) wird teilweise von Japanischen Mispeln gesäumt.

WISSENSWERTES:

Der Baum ist in Japan zu Hause. Heute wird er weltweit in den Subtropen kultiviert. Außerhalb der Anbaugebiete findet man die empfindlichen Früchte nur selten frisch im Handel. Die angenehm süß-sauer schmeckenden Früchte werden roh mit Schale gegessen, aber ohne das Kerngehäuse. Die verwandte Echte Mispel (Mespilus germanica) wurde früher in Weinbaugebieten Mitteleuropas angebaut. Sie wird heute nicht mehr genutzt, weil ihre holzigen Früchte erst genießbar sind, wenn sie schon in Fäulnis übergehen.

PAPAYA, MELONENBAUM
CARICA PAPAYA

BLÜTEZEIT

Von Mai bis August. Die Früchte sind von Juni bis Oktober reif.

MERKMALE

Der 3 bis 6 m hohe Baum hat einen schlanken, narbigen, meist unverzweigten Stamm. An dessen Spitze sitzt ein Kranz von langstieligen Blättern. Diese sind handförmig zerteilt, die Finger sind kräftig gelappt. Unter dem Blattkranz bilden sich die melonenförmigen Früchte. Meist wachsen sie direkt aus dem Stamm.

STANDORT:

Die Papaya hat ähnliche Standortansprüche wie die Zwergbanane (s. S. 180). Einzelne Exemplare stehen oft in oder neben Bananenplantagen, z. B. westlich von Funchal oder in den geschützten Tälern der Südwestküste. Auch im Norden der Insel werden Papayas vereinzelt angebaut.

WISSENSWERTES:

Die Papaya stammt aus dem tropischen Amerika. Dort wurde sie schon in vorkolumbianischer Zeit kultiviert. Ihre bis zu mehreren Kilogramm schweren Früchte sind im Sommer reif. Sie werden roh verzehrt. Dazu halbiert man sie, entfernt die schwarzen, schleimigen Samenkerne aus dem Hohlraum im Inneren und schneidet das gelbe, vitaminreiche Fruchtfleisch in Spalten. Die Schale wird nicht mitgegessen. Zitronensaft hebt den Geschmack der säurearmen Frucht. Aromatischer sind die außerhalb der Saison aus Brasilien nach Madeira importierten kleineren Papayas mit orangenfarbigem Fruchtfleisch.

Surinamkirsche, Einblütige Kirschmyrte
Eugenia uniflora

Standort:

Bis in ca. 350 m Höhe wird die Pflanze vor allem im Süden Madeiras in vielen Gärten kultiviert. Regelrechte Plantagen gibt es nicht. In Funchal trifft man auf die Surinamkirsche z. B. in der Quinta das Cruzes oder im Botanischen Garten.

Wissenswertes:

Ursprünglich stammt die Surinamkirsche aus den tropischen Regenwäldern Südamerikas (Brasilien, Surinam). Die weichen, säuerlich schmeckenden Früchte (port. Pitangas) können roh verzehrt werden. Sie werden mit Schale aber ohne Kerngehäuse gegessen. Pitangas sind nicht lange haltbar und daher nicht exportfähig. In der Regel wird die Surinamkirsche auf Madeira in Privatgärten für den Eigenbedarf gepflanzt. Ein geringer Teil der Ernte wird um die Osterzeit zu hohen Preisen auf den Märkten von Funchal und Ribeira Brava an Touristen verkauft. Neuerdings wird auch Pitanga-Marmelade angeboten.

Blütezeit

Von Dezember bis Februar.

Merkmale

Der um 5 m hohe, immergrüne Baum hat zahlreiche eiförmige, vorn zugespitzte Blätter. Aus den kleinen weißen Blüten ragen jeweils mehrere lange Staubfäden. Die Früchte sind etwa kirschgroß und orangerot. Sie sind achtfach in Längsrichtung gerippt. Der vertrocknete Blütenrest bleibt unten an der Frucht hängen.

GUAVE
PSIDIUM GUAJAVA

BLÜTEZEIT

Im Mai und Juni. Früchte von Oktober bis Januar

MERKMALE

Bis 4 m hoch kann der kleine Baum werden. Die Ränder der länglichen Blätter sind hochgebogen. Deutlich treten die Blattnerven hervor. Aus den weißen Blüten mit vielen gelben Staubblättern entwickeln sich kugelige, im reifen Zustand blassgelbe Früchte von ca. 5 cm Durchmesser. Das Fruchtfleisch ist lachsfarben.

STANDORT:

Bis in 200 m Höhe stehen Guaven vereinzelt in Gärten und kleinen Plantagen. Sie sind vor allem in den Außenbezirken von Funchal zu sehen, außerdem in einigen Küstenorten im Südwesten (z. B. Lugar de Baixo, Ponta do Sol, Madalena do Mar).

WISSENSWERTES:

Das tropische Amerika ist die Heimat der Guave (port. Goiaba). Portugiesische Seefahrer brachten sie schon im 16. Jh. aus Brasilien mit in die Alte Welt. Wegen der vitaminreichen Früchte verbreitete sich der Obstbaum schnell in Afrika und Asien. Schon 1590 sollen am Hof des indischen Großmoguls Guaven serviert worden sein. Die Früchte können mitsamt der etwas wachsigen Schale und den allerdings recht harten Kernen roh gegessen werden. Im Geschmack erinnern sie an Quitten. Die Madeirenser bereiten meist Marmelade daraus oder mit Guavenpüree, Sahne und Zucker eine Eisbombe.

Baumtomate, Tomatenbaum
Cyphomandra betacea

Blütezeit

Von März bis Juni. Früchte von Dezember bis Februar.

Merkmale

Die Baumtomate ähnelt mit ihren krummen Zweigen von der Wuchsform her der verwandten Tomate, wird aber mit bis zu 4 m sehr viel höher. Ihre großen Blätter sind herzförmig spitz, die grünweißen Sternblüten wohlriechend. Einzeln oder zu mehreren hängen die eiförmigen roten Früchte an langen Stielen.

Standort:

Vor allem im feuchteren, kühleren Norden der Insel sieht man die Baumtomate hier und da in Gärten oder kleineren Plantagen. Sie gedeiht bis 600 m Höhe. Anbaugebiete sind vor allem São Roque do Faial, Santana und São Jorge.

Wissenswertes:

Beheimatet ist die Baumtomate in Südamerika, wo sie in den Anden bis in Höhen von 2500 m gedeiht. Heute wird sie in vielen tropischen und subtropischen Ländern angebaut. Auf Madeira wird der Inselbedarf durch vereinzelten Anbau gedeckt, exportiert wird nicht. Die vitaminreichen Früchte (port. tomate inglês) sind auf Märkten erhältlich. Obwohl sie den Tomaten sehr ähneln, schmecken sie doch völlig anders. Das Fruchtfleisch ist süßsauer und leicht bitter. Es wird ausgelöffelt, denn die lederige Haut ist ungenießbar. Die Madeirenser stellen zudem Likör und Marmelade aus den Früchten her. In Südamerika werden sie hingegen pikant eingelegt.

KORBFLECHTERWEIDE
SALIX VIMINALIS

Die Korbweide wird vor allem in den feuchten Tälern nördlich von Camacha sowie im Nordosten und Norden der Insel angebaut. Verzeinzelt steht sie auch bei Curral das Freiras in Kultur.

WISSENSWERTES:
Heimisch ist die Korbweide in Europa. Nach Madeira wurde sie eingeführt, weil sich die hier endemische Kanaren-Weide (Salix canariensis) nicht für die Korbmacherei eignet. Gegen Ende des 19. Jhs. entwickelte sich die Herstellung von Korbmöbeln in Camacha zu einem wichtigen Exportzweig. Für viele Bauern in den feuchten, kühlen Zonen wurde der Anbau von Korbweiden zur Existenzgrundlage. Heute sind die heimischen Korbmacher der Konkurrenz aus Osteuropa und Asien nicht mehr gewachsen. Die mit Korbweiden bepflanzte Fläche ist seit Beginn der 1990er Jahre stark rückläufig. Ein nennenswerter Export von Korbwaren findet kaum noch statt. Verkauft wird fast nur noch auf der Insel.

BLÜTEZEIT
Im April und Mai. Die Rutenernte ist im März

MERKMALE
Der Stamm der Korbweide wird im Anbau kurz gehalten. Selten ist er höher als 50 cm. Aus ihm sprießen die bis 2,5 m langen, sehr gerade wachsenden Ruten. Sie färben sich im Winter rötlich. Die Ernte erfolgt im März.

Zwergbanane
Musa paradisiaca cavendishii

Blütezeit
Ganzjährig

Merkmale

Der Stamm der um 3 m hohen Staude ist nicht verholzt, sondern aus Blattstielen aufgebaut. Die großen Blätter sind oft vom Wind zerschlitzt. Der lange, hängende Blütenstand trägt unten männliche, oben weibliche Blüten. Die Blüten verströmen eine süßlichen Geruch. Sie sind von großen, violetten Hüllblättern verdeckt.

Standort:

Es gibt immer noch viele Bananenplantagen, obwohl der Anbau seit 1990 rückläufig ist. Am besten gedeiht die Zwergbanane in windgeschützten Lagen an der Südwestküste bis in ca. 200 m Höhe. Vereinzelt wächst sie in Höhen bis 350 m und auch im Norden der Insel. Die besten Anbaugebiete liegen westlich von Funchal, in Lugar de Baixo und in Madalena do Mar.

Wissenswertes:

In ihrer chinesischen Heimat wird die Zwergbanane von Fledermäusen bestäubt. Auf Madeira entwickeln sich die Bananen ohne Bestäubung aus den Fruchtknoten der weiblichen Blüten. Die Vermehrung erfolgt durch Wurzelausläufer. Während an der Mutterpflanze der Fruchtstand reift, wachsen Tochterpflanzen heran. Nach der Ernte werden die Staude und die schwächeren Triebe abgehackt. Ca. 12-15 Monate später liefert die kräftigste Tochterpflanze die nächste Ernte.

ZUCKERROHR
SACCHARUM OFFICINARUM

BLÜTEZEIT
Von Januar bis März. Auf Madeira kommt es allerdings nur selten zur Blüte.

MERKMALE
Das um 2 m hohe Gras bildet dichte Büschel von mais-ähnlichen, scharfkantigen Blättern aus. Aus jeder Wurzel wachsen (im Gegensatz zum ähnlichen, auf Madeira sehr häufigen Schilfrohr) mehrere Stängel, die bei den meisten Sorten auffällig violett gefärbt sind. Das Mark der Stängel enthält ca. 15 % Zucker.

STANDORT:
Zuckerrohr wird vor allem im Südwesten Madeiras bei Calheta und Ponta do Sol angebaut. Auch im Nordosten bei Porto da Cruz, in Faial und im Tal von Machico.

WISSENSWERTES:
Ursprünglich stammt das Zuckerrohr aus dem tropischen Asien. Nachdem Versuche mit dem Anbau im Mittelmeergebiet gescheitert waren, wurde es 1425 nach Madeira gebracht. Portugal errang rasch das Monopol auf den Zuckerhandel in Europa. Dieser Boom endete allerdings schon Mitte des 16. Jhs., nachdem man das Zuckerrohr in Amerika eingeführt hatte. Heute wird auf Madeira kein Zucker mehr produziert. Drei kleine Fabriken stellen Zuckersirup (port. Mel de Cana) und Zuckerrohrschnaps (port. Aguardente de Cana) her. Der Sirup wird zum Backen benutzt, z. B. für den Bolo de Mel („Honigkuchen"), der Schnaps ist Bestandteil des Ponchas, ein Mixgetränk aus Zitronensaft und Honig.

Bananen-Passionsblume, Bananen-Maracuja
Passiflora tripartita

Merkmale

Die Schlingpflanze entwickelt bis zu 20 m lange Sprosse, die sich an Bäumen und Sträuchern emporranken. Ihre großen, hängenden Blüten bestehen aus einem Kranz kräftig rosa gefärbter Blütenblätter. Aus dem Zentrum ragt der dreiteilige Griffel weit heraus. Die gelben Früchte sehen aus wie kleine Bananen.

Standort:

Die Bananen-Passionsblume gedeiht vor allem im feuchteren Norden der Insel. Dort ist sie am unteren Rand des Lorbeerwaldes häufig verwildert. Z. B. an der Levada do Central oberhalb von Porto Moniz. Im Inselsüden wächst sie an den Levadas zwischen ca. 500 und 700 m Höhe.

Wissenswertes:

Die Bananen-Passionsblume stammt aus den Anden. Das Innere der Frucht (port. Maracujá Banana) ist essbar. Man halbiert sie und lutscht oder löffelt sie aus. Die in das Fruchtfleisch eingebetteten Kerne werden mitgegessen. Die Früchte sind häufig auf Märkten erhältlich. Sie werden auch zu Pudding (pudim de maracujá) verarbeitet. Aromatischer sind die Früchte der verwandten Purpur-Passionsblume (Passiflora edulis). Sie rankt hier und da an Mauern im Kulturland. Ihre Früchte sind rund und bräunlich violett. Oft werden sie in verschrumpeltem Zustand verkauft, wenn das Innere vollreif ist.

TARO, KOLOKASIE
COLOCASIA ESCULENTA

BLÜTEZEIT

Im Mai und Juni. Blüten werden aber nur selten ausgebildet.

MERKMALE

Die krautige Pflanze hat gewaltige, bis über 50 cm breite, schildförmige Blätter mit dicken Blattnerven. Ihre bis 1 m langen Blattstiele wachsen direkt aus dem dicken knollenartigen Wurzelstock. Dieser hat einen Durchmesser von ca. 10 cm und kann mehrere Kilo schwer werden.

STANDORT:
Auf Madeira wird der Taro bis in ca. 700 m Höhe angebaut, meist an sehr feuchten Stellen. Auch im feuchtschwülen Klima der Bananenplantagen fühlt er sich als Unterwuchs wohl. Im Norden ist er häufiger zu sehen als im Süden. Verwildert steht er auch an Quellen und Bachläufen.

WISSENSWERTES:
Der Taro wird oft mit der Yamswurzel verwechselt. Mit dieser ist er nicht näher verwandt. Der Taro stammt aus Indien. In Asien wird er seit ca. 2000 Jahren kultiviert. Heute gibt es in den Tropen und Subtropen etwa 1000 Sorten. Taro (port. Inhame) war früher auf Madeira ein wichtiges Grundnahrungsmittel. Die stärkehaltigen, sehr mild schmeckenden Knollen enthalten Oxalatkristalle, die Mund- und Magenschleimhäute reizen. Erst durch langes Kochen (bis zu 4 Std.) werden sie essbar. Das Kochwasser sollte dabei oft gewechselt werden. Restaurants bieten ihn zuweilen als Beilage zu Tunfisch an.

Portugiesischer Kohl
Brassica oleracea acephala

Blütezeit
Ganzjährig

Merkmale
Dieser bis über 1 m hohe Blattkohl erinnert an den, allerdings viel zierlicheren Rosenkohl. Aus dem kräftigen Stamm sprießen jedoch keine Röschen. Die derben Blätter sind glatt und grün. Die langen Blütenstängel sehen, so lange sich die Knospen noch nicht geöffnet haben, wie zarter Broccoli aus.

Standort:
Portugiesischen Kohl pflanzen die Bauern auf den kleinen Terrassenfeldern meist gemeinsam mit Kartoffeln, Süßkartoffeln, Mais oder anderen Feldfrüchten. Er gedeiht an der Südseite der Insel in Höhenlagen zwischen 400 und 800 m, im Norden auch in Küstennähe. Besonders häufig sieht man ihn dort, wo es für anspruchsvollere Kulturen zu neblig und kühl ist.

Wissenswertes:
Die ledrigen Blätter haben eine lange Garzeit und werden daher in sehr dünne Streifen geschnitten. Im Supermarkt werden sie bereits vorgeschnitten verkauft. Die Blätter sind wesentlicher Bestandteil der „Caldo Verde" (grüne Suppe), ein Nationalgericht, das auf Madeira viel gegessen wird. Im Ganzen werden die Blätter für Eintöpfe verwendet. Die zarten Blütenstängel mit Knospen sind als Beilage beliebt. Die Kohlart wird außer in Portugal nur noch in Nordwestspanien und auf den Kanaren angebaut.

WEISSE LUPINE
LUPINUS ALBUS

BLÜTEZEIT
Das ganze Frühjahr

MERKMALE
Die etwa 50 cm hohe, krautige Pflanze hat gefiederte, leicht behaarte Blätter. Die typischen Schmetterlingsblüten (ähnlich wie beim Ginster) stehen in kerzenförmigen, 10-20 cm langen Trauben. Sie sind weiß, an der Spitze manchmal bläulich, und duften angenehm.

STANDORT:
Die Weiße Lupine wird auf Madeira ebenso wie die ähnliche Gelbe Lupine (Lupinus luteus) auf Terrassenfeldern angebaut. Man sieht sie an zahlreichen Levadas, die durch Kulturland fließen.

WISSENSWERTES:
Die am Mittelmeer heimischen Wildformen enthalten bittere Alkaloide und sind giftig. Durch Züchtungen konnten die Bitterstoffe entfernt werden. In Mitteleuropa werden Lupinen zur Bodenverbesserung (sie binden Stickstoff) und als Viehfutter angebaut. Hingegen werden in Portugal die Samen (port. Tremoços) gegessen. Diese sind gelb rundlich und erreichen einen Durchmesser von ca. 1 cm. Vorgekocht sind sie im Supermarkt erhältlich. Die Madeirenser legen sie in Öl, Essig, Petersilie, Paprika und Knoblauch ein. In einfachen Kneipen werden sie als Knabberei zum Bier oder Wein serviert. Die dünne, feste Schale ist essbar. Die Einheimischen entfernen sie jedoch mit den Zähnen.

GARTENANLAGEN

Nirgendwo auf der Welt dürfte es auf engstem Raum so viele interessante Parkanlagen geben, die für das Publikum geöffnet sind, wie auf Madeira. Die meisten befinden sich in und um Funchal. Stets spielte sich ein Großteil der Politik und des Wirtschaftslebens der Insel in der Hauptstadt ab. Wie ein Magnet zog Funchal Großgrundbesitzer, flämische und italienische Zuckerhändler und später britische Weinhändler an, die in der Stadt residierten. Später taten es ihnen die Touristen nach.

Bis heute wohnen rund drei Viertel aller Urlauber in den Hotels der Hauptstadt. Zudem bietet Funchal mit seinem besonders milden Klima den empfindlichen tropischen Pflanzenarten, für die Madeira berühmt ist, beste Wachstumsbedingungen. So hat sich eine Gartenkultur vor allem in Funchal herausgebildet. Zunächst wurden Kostergärten und die Innenhöfe von Adelspalästen mit exotischen Pflanzen verziert. Im 18. und 19. Jh. waren es vor allem die auf Madeira ansässigen britischen Weinhändler, die am Stadtrand und in höhergelegenen Orten wie Monte oder Camacha ihre berühmten Quintas (Landvillen) errichteten und mit grandiosen Parks umgaben. Ab dem ausgehenden 19. Jh. gesellten sich prächtige Hotelgärten hinzu. Im 20. Jh. erfolgte dann so etwas wie eine Demokratisierung der Gartenkultur. Viele Parks werden heute von der öffentlichen Hand betrieben und ständig verschönert (Jardim Botânico, Quinta das Cruzes, Quinta Magnólia, Stadtparks von Funchal. Quinta do Santo da Serra u. a.). In kleineren Orten entstanden städtische Gartenanlagen, die oft sehr phantasievoll gestaltet sind und auf jeden Fall einen Besuch lohnen (z. B. Machico, Camacha, Santana). Aus dem weitläufigen Park eines ehrwürdigen Hotels wurde unter der Regie eines einheimischen Geschäftsmanns mit dem Jardim Tropical Monte Palace einer der großartigsten Gärten Madeiras. Ebenfalls einer Privatgesellschaft ist die Wiederherstellung der Quinta Jardins do Imperador in Monte zu verdanken, wo der letzte österreichische Kaiser einst im Exil lebte. Andere Anlagen, wie die Palheiro Gardens oder die Quinta Palmeira, befinden sich nach wie vor im Besitz britischer Familien, dürfen jedoch besucht werden. Ebenfalls zu besichtigen sind einige private Orchideengärten (Jardim Orquídea, Quinta da Boa Vista u. a.), deren Hauptanliegen die Zucht von Topf- und Schnittblumen für den Verkauf auf der Insel oder für den Export ist.

Nicht zuletzt bemüht sich die Forstverwaltung um die Anlage kleinerer und größerer Parks in den Bergen und Wäldern. Neben dem Parque Florestal do Ribeiro Frio gibt es bei vielen weiteren der rund 25 Forsthäuser kleinere Gärten mit seltenen einheimischen sowie exotischen Pflanzen.

MADEIRAS GÄRTEN

BOTANISCHER GARTEN FUNCHAL - JARDIM BOTÂNICO

Der Botanische Garten liegt in etwa 300 m Höhe am Ostrand von Funchal. Er gibt einen hervorragenden Überblick über die subtropische Flora. Sowohl einheimische als auch importierte Pflanzenarten sind zahlreich vertreten. 1960 ging der Jardim Botânico aus einem privaten Park hervor, den der schottische Hotelier William Reid im 19. Jh. anlegen ließ. In dem ehemaligen Herrenhaus der Familie (nahe oberer Eingang) ist heute das kleine Museu de História Natural (Naturgeschichtliches Museum) eingerichtet.

Der ehrwürdige Park mit Brunnen, Grotten, Vogelvolieren und Aussichtsbalkonen blieb erhalten. Ergänzt wurden zahlreiche subtropische Blumen. Ein Gartencafé komplettiert das Angebot. Weiter unterhalb wurden auf Terrassen mehrere Spezialabteilungen angelegt. Sie widmen sich u. a. der Küstenvegetation Madeiras sowie den auf der Insel vertretenen Nutzpflanzen. Außerdem gibt es Sammlungen von Sukkulenten (wasserspeichernde Pflanzen) und Palmen aus aller Welt. Interessant sind auch die Beispiele für die bis heute auf Madeira gepflegte Kunst, Pflanzen zu Ornamenten zusammenzustellen oder zu skurrilen Formen zu stutzen. Beim unteren Eingang gelangt man in den angeschlossenen Jardim dos Loiros (Papageienpark).

ÖFFNUNGSZEITEN: Garten tgl. 9-18 Uhr, 25.12. geschl.; Museum Mo-Sa 9-12.30, 14-17.30 Uhr; Eintritt 3 Euro.
ANFAHRT MIT DEM PKW: Via Rápida (VR-1) bis Anschlussstelle 13 (Camacha, Portela), dann Richtung Funchal. Parkplatz am unteren Eingang.
ANFAHRT PER BUS: Stadtbuslinien 29, 30, 31, ab Avenida do Mar (nahe Markthalle). Die Busse fahren häufig.
ANFAHRT PER SEILBAHN: ab Monte, tgl. 9.30-17.45 Uhr.

PALHEIRO GARDENS

Der auch als Blandy´s Garden bekannte Park liegt rund 600 m hoch zwischen Funchal und Camacha. Das relativ kühle Klima ist ideal für eine nirgendwo sonst auf Madeira erreichte Vielzahl subtropischer Gewächse. Speziell Pflanzen aus Südafrika, Australien und Neuseeland sind reichlich vertreten. Vor rund 200 Jahren gründete der Graf Carvalhal die heutigen Palheiro Gardens als Jagdpark. Er beauftragte einen französischen Landschaftsarchitekten mit dem Entwurf des „Versunkenen Gartens" und des „Gartens der Dame". Beide sind symmetrische Anlagen mit Blumenrabatten, Wasserflächen und Steinskulpturen. Heute bilden sie gemeinsam mit einer Barockkapelle den Kern des Parks. 1885 erwarb die englische Weinhändler-Familie Blandy den Besitz und entwickelte ihn im englischen Landschaftsstil weiter, der die Natur nachzuahmen sucht. Am eindrucksvollsten ist dieses Konzept in der Ribeira do Inferno (Höllenschlucht) verwirklicht. Eine Kamelienallee führt zu der von Proteussträuchern umrahmte Kolonialstil-Villa der Blandy´s. Das Gebäude wird von der Familie noch bewohnt und kann daher nur von außen bewundert werden. Gewaltige Nadelbäume der Gattung Araucaria säumen einen Bach, der anmutig durch die Anlage fließt. Ein stilvolles Teehaus im unteren Teil des Parks lädt zur Rast ein. Hier werden auch Schnittblumen und kulinarischen Souvenirs verkauft.

ÖFFNUNGSZEITEN: Mo-Fr 9-16 Uhr; 1. 1., Karfreitag, 1. 5., 25./26. 12. geschl.; Eintritt 10,50 Euro.
ANFAHRT MIT DEM PKW: ER 102 Funchal-Camacha. Auf Beschilderung achten. Parkbuchten am Eingang. Taxis dürfen in den Park fahren, bis an die Villa.
ANFAHRT PER BUS: Stadtbuslinien 36, 37 ab Avenida do Mar, ca. halbstündlich, Fahrzeit 20 Min.

MADEIRAS GÄRTEN

JARDIM TROPICAL MONTE PALACE

Der Garten liegt rund 500 m hoch, unterhalb der Kirche von Monte. Er geht auf den Park des Hotels Monte Palace zurück, das von 1904 bis 1965 in Betrieb war. Aus dieser Zeit stammt der dichte Baumbestand aus einheimischen Lorbeer, Gagelbäumen und Zedernwacholder, kombiniert mit europäischen und nordamerikanischen Eichen. Darunter gedeihen Klivien und Azaleen sowie eine umfangreiche Sammlung von Palmfarnen (s. S. 11), die der heutige Besitzer José Berardo zusammengetragen hat. Eine feuchte Schlucht wurde mit Buddhafiguren, Pagoden und Wasserläufen zum Orientalischen Garten gestaltet. Dieser setzt sich unterhalb des ehemaligen Hotels in einem verspielten Terrassengarten fort. In Teichen schwimmen japanische Koi-Fische, tummeln sich Schwäne. Das Gebäude ist heute Sitz der Berardo-Stiftung, die sich u. a. dem Umweltschutz widmet. Ein paar knorrige, 2000 Jahre alte Ölbäume wurden aus Portugal vor der Überflutung durch einen Stausee gerettet. Am Ostrand des Gartens ist eine Abteilung der endemischen Flora Madeiras gewidmet. Berardo sammelte nicht nur Pflanzen, sondern auch allerlei Skurrilitäten. Im Garten stehen Fliesenbilder (Azulejos) und Steinmetzarbeiten. Ein Museum birgt riesige Mineralien sowie afrikanische Steinskulpturen. In der Cafeteria wird ein Glas Madeirawein (im Eintritt enthalten) ausgeschenkt.

ÖFFNUNGSZEITEN: tgl. 9-18 Uhr, So nur Nordeingänge an der Seilbahnstation; Eintritt 10 Euro.

ANFAHRT MIT DEM PKW: Am Westeingang (Caminho do Monte) wenige Parkbuchten.

ANFAHRT PER BUS: Stadtbuslinien 20, 21 ab Avenida do Mar/Rua 31 de Janeiro.

ANFAHRT PER SEILBAHN: ab Funchal, tgl. 9.30-17.45 Uhr, Fahrtzeit 15 Min.

JARDIM ORQUÍDEA UND QUINTA DA BOA VISTA

Der **JARDIM ORQUÍDEA** (Orchideengarten) befindet sich unterhalb des Jardim Botânico. Eine enorme Vielfalt an Orchideenarten aus aller Welt wurden hier auf relativ kleinem Raum möglichst naturnah arrangiert. Sie stehen je nach Herkunft in Gewächshäusern mit unterschiedlichem Innenklima. Betreiber des Gartens ist der Österreicher Josef Pregetter. Er stellt Orchideen nicht nur aus, sondern züchtet sie aus Saatgut heran. Die Aufzucht im Labor kann beobachtet und anhand von Informationstafeln nachvollzogen werden.

ÖFFNUNGSZEITEN: tgl. 9-18 Uhr; Eintritt 5 Euro.
ANFAHRT MIT DEM PKW: wie zum Jardim Botânico, von dessen Zufahrtsstraße ausgeschildert.
ANFAHRT PER BUS: wie zum Jardim Botânico, von dessen unteren Eingang ca. 10 Min. zu Fuß (beschildert).

Ein weiterer bekannter Orchideengarten ist die **QUINTA DA BOA VISTA**. Das herrschaftliche Anwesen aus dem 18. Jh. im östlichen Stadtgebiet von Funchal steht unter der Leitung der Engländerin Betty Garton. Sie befasst sich seit über 30 Jahren mit der Orchideenzucht und gewann auf Ausstellungen zahlreiche Preise. Der Schwerpunkt liegt hier in der Aufzucht von Kahnblumen (Cymbidien, s. S. 51) als Schnittblumen. Aber auch andere Orchideenarten, dazu Bromelien und weitere exotische Pflanzenarten sind zu sehen.

ÖFFNUNGSZEITEN: Mo-Sa 9-18 Uhr, Feiertags geschl.; Eintritt 4,50 Euro.
ANFAHRT MIT DEM PKW: In Funchal über Estrada Conde Carvalhal, ab dort ausgeschildert. Es gibt nur begrenzt Parkmöglichkeiten.
ANFAHRT PER BUS: Stadtbusse Nr. 31 und 32 ab der Avenida do Mar in Richtung Rochinha. Busse fahren sehr häufig.

QUINTA JARDINS DO IMPERADOR

Seit 2004 ist das Anwesen zugänglich, in dem Kaiser Karl von Österreich seine letzten Lebenswochen verbrachte. Die Siegermächte des Ersten Weltkriegs verbannten ihn 1921 nach Madeira. Er starb hier 1922 als 34-Jähriger. Das Wohnhaus wird noch restauriert. Im alten Glanz neu erstrahlt sind schon die „kaiserlichen Gärten". Den Park gründete der Engländer David Webster Gordon zu Beginn des 19. Jh. Auf ihn geht der hohe Baumbestand im oberen Gartenteil zurück. Bemerkenswert ist die Kollektion exotischer Nadelbäume von beachtlicher Größe aus verschiedenen Kontinenten. Hinzu kommen ebenso gewaltige Laubbäume aus Nordamerika. Auch einheimische Arten des heimischen Lorbeerwaldes mischen sich darunter. Im Frühjahr breitet sich unter den Bäumen ein Teppich von Agapanthus aus. Ein künstlicher Bachlauf speist einen Seerosenteich. Weithin als Schmuckstück bekannt ist im unteren Gartenteil der Jardim Malakof, der Mitte des 19. Jh. im französischen Stil angelegt wurde. Auf einer breiten Terrasse sind dort 66 Blumenrabatten symmetrisch um einen Brunnen mit Marmorskulptur angeordnet. Bei einem kleinen Aussichtsturm ist ein Gartencafé untergebracht. Man ruht in inseltypischem Korbgestühl und blickt über zwei eindrucksvolle Exemplare des Drachenbaums hinweg weit über die Bucht von Funchal.

ÖFFNUNGSZEITEN: Mo-Sa 9.30-17.30 Uhr; Eintritt 6 Euro.
ANFAHRT MIT DEM PKW: ER 103 (Estrada dos Marmeleiros) nach Monte. Dort ca. 500 m unterhalb des Zentrums (Largo da Fonte mit Kirche) auf Beschilderung achten. An der Straße gibt es nur begrenzte Parkmöglichkeiten.
ANFAHRT PER BUS: Stadtbuslinien 20, 21 ab der Avenida do Mar/Rua 31 de Janeiro, halbstündlich, Fahrzeit ca. 30 Min.

Quinta Palmeira

Der weitläufige Park auf einem Bergrücken im oberen Stadtgebiet von Funchal gehört zu einem Herrenhaus aus dem 17. Jh. Es ist heute noch in Privatbesitz. Erst seit wenigen Jahren ist der Park der Öffentlichkeit zugänglich. Ständig ist ein Team von Gärtnern in dem gepflegten Park bei der Arbeit. Hier 250 m über dem Meer fühlen sich sowohl tropische als auch subtropische Pflanzenarten wohl. Außerdem sind viele Vertreter der einheimischen Flora zu sehen, die sonst nur selten zu bewundern sind. Die heutige Gartenanlage stammt aus den 1920er Jahren. Damals entstanden der Jardim das Rosas (Rosengarten) und der Jardim das Lagoas (Wassergarten) mit seinen romantischen Teichen. Ein Grottenhäuschen wurde liebevoll mit Fliesenbruchstücken und Schneckenschalen ausgekleidet. Die bunten Azulejos (Fliesenbilder) am Camões-Brunnen hinter dem nicht zugänglichen Haupthaus wurden aus Lissabon importiert. Sie nehmen Bezug auf die portugiesischen Entdeckungsfahrten. Größte Attraktion ist am Rand des Rosengartens das so genannte Kolumbus-Fenster. Der steinerne Fensterrahmen mit Verzierungen im manuelinischen Stil zierte die inzwischen abgerissene Casa de João Esmeraldo in Funchal. Dort soll Christoph Kolumbus 1498 auf seiner dritten Amerika-Reise abgestiegen sein. Von den Sitznischen im dem Fenster genießt man einen besonders schönen Ausblick.

Öffnungszeiten: Mo-Fr 9-12, 14-17 Uhr; Eintritt 5 Euro.
Anfahrt mit dem PKW: Von Funchal (Zentrum) durch die Rua 31 de Janeiro und Rua da Torrinha Richtung Monte, dann der Beschilderung durch die Rua da Levada de Santa Luzia folgen. Man darf bis in den Garten hinauffahren.
Anfahrt per Bus: Stadtbuslinien 25, 26 ab Avenida do Mar.

QUINTA DO SANTO DA SERRA

Zu Beginn des 19. Jhs. errichtete die Weinhändlerfamilie Blandy ihren ersten Landsitz und schuf einen ausgedehnten Park. Er befindet sich heute in öffentlichem Besitz. Das kühl-feuchte Klima des 600 m hoch gelegenen Geländes ist ideal für Pflanzen aus den Monsungebieten Asiens. Rhododendren, Azaleen und Kamelien fühlen sich hier besonders wohl. Vom Eingang führt eine Hortensienallee zum Ziergarten, der sich wildromantisch mit Baumriesen, Rhododendronhecken und Kieselpflasterwegen präsentiert. Er umgibt das in inseltypischem Altrosa gestrichene Herrenhaus. Es ist für Besucher nicht zugänglich. In den ehemaligen Stallungen ist ein kleiner Zoo mit Damwild, Kängurus und Ponys untergebracht. Das Picknickgelände nebenan mit Tischen und Bänken ist bei einheimischen Wochenendausflüglern sehr beliebt. Hinter dem Herrenhaus geht der Park zunächst in Obstplantagen, dann in Eukalyptuswald über. Aber auch viele andere interessante Baumarten lassen sich hier entdecken. Am unteren Gartenrand bietet der Aussichtsbalkon Miradouro dos Ingleses einen hervorragenden Blick ins Tal von Machico und weiter zur Ostspitze Madeiras. Bei klarer Luft ist sogar die Nachbarinsel Porto Santo zu sehen.

ÖFFNUNGSZEITEN: tgl. tagsüber geöffnet; Eintritt frei.

ANFAHRT MIT DEM PKW: ER 207 nach Santo da Serra. Der Eingang zum Park befindet sich in der Nähe des zentralen Kirchplatzes, an der Ortsausfahrt Richtung Machico. Parken ist an der Straße möglich.

ANFAHRT PER BUS: Linie 77 (grau-gelb-weiße Busse der CCSG ab Funchal über Camacha), 4-7 mal tgl., Fahrzeit ca. 1 Std.; Linien 20, 78 (grün-weiß-cremefarbene Busse der SAM Funchal über Machico), 2-7 mal tgl., Fahrzeit ca. 1.45 Std.

PARQUE FLORESTAL DO RIBEIRO FRIO

Der Forstpark von Ribeiro Frio gibt einen umfassenden Überblick über die Flora des Lorbeerwaldes. Er liegt in rund 800 m Höhe, also im unteren Bereich der Passatnebelzone, die hier im Nordosten der Insel besonders ausgeprägt ist. Der Lorbeerwald wurde im Parque Florestal durch einen Lehrpfad erschlossen. Die wichtigsten Bäume dieser Vegetationsform tragen Schilder mit ihren portugiesischen und botanischen Namen. Zu sehen sind unter anderem Stinklorbeer, Azorenlorbeer, Madeira-Mahagoni und Zedernwacholder. Am Rand des Geländes stehen endemische Sträucher wie die Honigwolfsmilch oder die Kanaren-Stechpalme, aber auch importierte Baumfarne, Kamelien und Rhododendren, die in diesem Klima hervorragend gedeihen. Gegenüber befindet sich das idyllische Gelände einer staatlichen Forellenzucht. Es ist ebenfalls frei zugänglich. Hier werden junge Forellen aufgezogen, um sie an private Züchter abzugeben oder in Angelteichen auszusetzen. Die Anlage speist sich aus dem Ribeiro Frio, einem der wasserreichsten Bäche Madeiras. Im Garten der Forellenzucht sind zahlreiche endemische Blütenpflanzen des Lorbeerwaldes zu bewundern, Hauptblütezeit ist der Mai.

ÖFFNUNGSZEITEN: immer geöffnet; Eintritt frei.

ANFAHRT MIT DEM PKW: ER 103 Funchal-Faial bis zum Forsthaus an der Forellenzuchtstation südlich des Ortes Ribeiro Frio. Der Eingang zum Park befindet sich gegenüber des Forsthauses. Einige Parkbuchten gibt es am Eingang, ansonsten ist Parken an der Straße weiter oben möglich.

ANFAHRT PER BUS: Linien 56, 103, 138 (grau-gelb-weiße Busse der CCSG ab Funchal), 3-4 mal tgl., Fahrzeit ca. 45 Min. (vorher erkundigen, denn nicht alle Busse dieser Linien fahren über Ribeiro Frio).

195

MADEIRAS GÄRTEN

STADTGÄRTEN IN FUNCHAL

1880 wurde der zentral an der Avenida Arriaga gelegene **JARDIM MUNICIPAL** (Stadtgarten) gegründet. Eine außergewöhnlich üppige, vielfältige tropische Flora präsentiert sich dem Besucher. Im Schatten hoher Palisander- und Kapokbäume laden Bänke und ein Gartencafé zur Rast ein. Natal-Strelizie, Frangipani und einige Exemplare des Leberwurstbaums sind weitere Highlights. Westlich der Innenstadt an der Avenida do Infante erstreckt sich der vor rund 50 Jahren angelegte **PARQUE SANTA CATARINA**. Blumenrabatten, Kampfer-, Tulpen- und Korallenbäume säumen Rasenflächen und einen großen Teich. Am Rand erhebt sich auf einer Aussichtsterrasse die namengebende, der hl. Katharina geweihte Kapelle. Auch in diesem Park gibt es ein idyllisches Gartencafé. Unmittelbar darüber grenzt die **QUINTA VIGIA** an. In dem ehrwürdigen Herrenhaus logierten im 19. Jh. illustre Gäste. Heute befindet sich hier die Kanzlei des Präsidenten von Madeira. Ein Teil des schön angelegten Gartens ist dicht mit den verschiedensten tropischen Bäumen und Sträuchern bestanden. Im hinteren, dem Hafen zugewandten Bereich führen verschlungene Pfade durch ein Labyrinth von blühenden Beeten. In allen drei Parks sind zahlreiche Pflanzen mit ihren botanischen Namen beschildert.

ÖFFNUNGSZEITEN: Jardim Municipal immer geöffnet; Parque St. Catarina tgl. 8-19 Uhr (Sommer 7-21 Uhr); Quinta Vigia Mo-Fr während der Bürozeiten meist zugänglich; Eintritt in alle drei Gärten frei.

ANFAHRT MIT DEM PKW: Parkbuchten an der Avenida do Mar, Parkplatz am Casino (Avenida do Infante), Parkhäuser in der Rua Gulbenkian und Rua São Francisco. Alle gebührenpflichtig.

ANFAHRT PER BUS: Zahlreiche Linien aus allen Inselteilen sowie Stadtbusse, jeweils bis Avenida do Mar.

QUINTA DAS CRUZES UND QUINTA MAGNÓLIA

Der wunderschöne, exotisch bepflanzte Garten der **QUINTA DAS CRUZES** geht auf das 18. Jh. zurück. Ein kleiner archäologischer Park ist optisch abgetrennt. Dort sind Wappensteine, Kreuze und Grabplatten zu sehen, die Sammler aus abgerissenen Häusern und Kirchen retteten. Zwei manuelinische Fensterrahmen stehen etwas abseits im Hauptgarten. Dieser vereint barocke und romantische Elemente. Im oberen Teil befindet sich eine kleine Orchideenzucht. Das ehemalige Herrenhaus birgt ein Museum mit luxuriösen Einrichtungsgegenständen des 17.-19. Jhs.

ÖFFNUNGSZEITEN: Garten tgl. 10-18 Uhr, Eintritt frei; Museum Di-Sa 10-12.30, 14-17.30, So 10-13 Uhr; Eintritt 2,50 Euro.
ANFAHRT MIT DEM PKW: Parkhaus an der Cota 40 (Ecke Rua dos Ferreiros), von dort ca. 10 Min. zu Fuß.
ANFAHRT PER BUS: Linha Eco, ca. alle 15 Min. nicht am Sonntag.

Den weitläufigen Park der **QUINTA MAGNÓLIA** legte im 19. Jh. der damalige amerikanische Konsul an. Zu Beginn des 20. Jhs. bereicherte der englische Nachbesitzer, Dr. Herbert Watney, die bereits beachtliche Pflanzensammlung um Palmenarten aus aller Welt und ließ den Park durch einen Landschaftsarchitekten umgestalten. Später, als das Anwesen dem vornehmen British Country Club gehörte, kamen Sporteinrichtungen hinzu (Schwimmbad, Tennisplätze, u. a.) Heute befindet sich die Quinta Magnólia in öffentlicher Hand. Die Sportstätten sind frei zugänglich (z. T. mit Anmeldung).

ÖFFNUNGSZEITEN: tgl. 8-21 Uhr, Eintritt frei.
ANFAHRT MIT DEM PKW: Beschränkte Parkmöglichkeiten hinter der Einfahrt. Ansonsten entlang der Rua da Casa Branca o. am Fußballstadion Barreiros.
ANFAHRT PER BUS: Stadtbuslinien 5, 6, 8 und 45 ab Avenida do Mar, häufig.

STICHWORTVERZEICHNIS

STICHWORTVERZEICHNIS

STICHWORTVERZEICHNIS

STICHWORTVERZEICHNIS

STICHWORTVERZEICHNIS

Layout: Günther Roeder, Oliver Breda
Abbildungen: Susanne Lipps, Oliver Breda
Herstellung: Druckhaus Cramer, Greven

© Oliver Breda Verlag, Duisburg
E-mail: webmaster@bredaverlag.de
5. aktualisierte Auflage 2012

ISBN 3-938282-05-3, ISBN-13: 978-3-938282-05-2

NOTIZEN